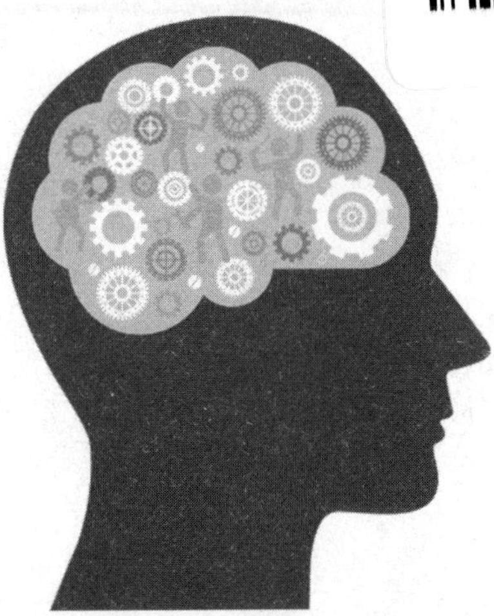

超级记忆与
记忆宫殿法

黄 伟◎著

国家一级出版社 中国纺织出版社 全国百佳图书出版单位

内 容 提 要

利玛窦成书于400多年的《记忆宫殿》，承接起源于公元前5世纪的古罗马记忆术，深远影响了现代记忆术的发展。本书继承《记忆宫殿》的经典思想，立足现代记忆术解说如何理解并应用宫殿记忆法，并结合具体的记忆实例重点论述了怎样进行空间位置的营造和图像转化、图像定位，从而快速牢固地记住任何你想记忆的内容。

图书在版编目（CIP）数据

超级记忆与记忆宫殿法 / 黄伟著. --北京：中国纺织出版社，2018.7（2019.6重印）
ISBN 978-7-5180-4784-0

Ⅰ.①超… Ⅱ.①黄… Ⅲ.①记忆术 Ⅳ.①B842.3

中国版本图书馆CIP数据核字（2018）第042498号

策划编辑：郝珊珊　　责任印制：储志伟

中国纺织出版社出版发行
地址：北京市朝阳区百子湾东里A407号楼　邮政编码：100124
销售电话：010—67004422　传真：010—87155801
http：//www.c-textilep.com
E-mail：faxing@c-textilep.com
官方微博http://weibo.com/2119887771
三河市延风印装有限公司印刷　各地新华书店经销
2018年7月第1版　2019年6月第2次印刷
开本：710×1000　1/16　印张：14
字数：108千字　定价：39.80元

序言

记忆术，就像达摩克利斯之剑，它散发的熠熠生辉的光芒，吸引着无数人艳羡的目光，它显现的寒光闪闪的剑气，又让无数人内心寒战抖擞。

人类远祖先民结绳记事，甲骨刻字以强化信息记忆，是人类对记忆最早的探索，这些信息记忆的方式得以让人类文明像火种一样，星火薪传，令人类文明的星河灿烂。

公元前 5 世纪，古罗马记忆法，那些古圣先贤藉由这些神奇神秘的记忆术，在巨大的宫殿、在元老院、在牛马集市旁征博引、滔滔不绝演讲，伟大的思想在唇齿间跳跃，伟大的思维推动了帝国的军武战马铁蹄踏上欧亚非大陆征讨的征程。

公元前三四世纪，古希腊联想记忆，在妮莫辛智慧女神神话传说的指引下，记忆术可望而不可即，被奉上神坛受人敬仰和祭奠，于是乎女神的名字就成为记忆术的名字——Mnemonics。

之后，天主教兴起，在众多神话形象的记忆和指引下，记忆术成为每一个虔诚的教徒，从生下来那一刻，就在潜移默化中接受的洗礼。正是由于对千百年传承的宗教形象的不断演进，有些教徒的叛逆者对于宗教说产生异议，提出叛逆性新说，至今人们还能闻到布鲁诺广场火刑的烟火味。

历史走过公元1552年，到如今“世界脑力记忆锦标赛”“最强大脑”已经在中国走进千家万户。透过历史的烟尘，回望在400多年前那一刻，一个平凡而又注定不平凡的生命的诞生，催生了一个思想领域的诞生，他是利玛窦（Matteo Ricci）。飞跃400多年历史的烟尘，我们再一次窥探一下，那部《记忆宫殿》的神秘……

目录

第六章
灵活运用定位法

第七章
用记忆宫殿记住任何需要记的资料

第一章

利玛窦与《记忆宫殿》

利玛窦（Matteo Ricci，1552.10.6 ~ 1610.5.11），其原名中文直译为玛提欧·利奇，利玛窦是他的中文名字。明朝末期来到中国，利玛窦是受罗马天主教廷委派，来中国、印度等亚洲国家传播天主教。利玛窦是天主教在中国早期传教的开拓者之一，也是第一位阅读中国文学并对中国典籍进行钻研的西方学者，利玛窦对于东西方文化的交流融通，做出了不可替代和不可磨灭的贡献，及至在利玛窦去世400多年后的今天，以意大利为代表的西方国家和以中国为代表的东方国家都给予利玛窦极高的赞誉。

如今在世界各地我们都能看到数不清的利玛窦的名字，利玛窦的雕像，以及和利玛窦相关的研究资料和课题。本书即是对利玛窦的专著《记忆宫殿》（另称《西国记法》）的深化和拓展。所以我们有理由说利玛窦是一个学者，更是一个文化使者。

第一节　利玛窦的中国之旅

澳门

1582年（明万历十年）利玛窦经神父罗明坚举荐，受罗马天主教廷委派前往中国传教，8 月 7 日到达澳门。

早期欧洲的传教士们想通过汉语著述天主教义来吸引中国人，借此让东方人皈依天主教，因此他们到澳门的第一件事情就是努力学习汉语。开始学习汉语的利玛窦对与拼音文字完全不同的汉字感到很兴奋，觉得非常不可思议，并且也学得非常轻松，不久他就可以用汉语进行交流。利玛窦在中国延续了他勤奋好学的品质，在澳门期间，恰逢日本的天正遣欧使节团路过，利玛窦便趁此机会跟他们学习日语。

肇庆

1584 年，利玛窦获准与罗明坚神父入居广东肇庆。利玛窦们对中国官员自称来自天竺，致使中国人以为利玛窦们是佛教徒。利玛窦解释来中国的原因："我们是从遥远的西方而来的教士，因为仰慕中国，希望可以留下，至死在这里侍奉天主。"利玛窦不敢直接回答传教的目的，否则可能会被驱逐。为了传教，利玛窦们从西方带来了许多用品，比如圣母像、地图、星盘和三棱镜等，其中还有欧几里得的《几何原本》。利玛窦带来的各种西方的新事物，吸引了众多好奇的中国人，特别是利玛窦带来的地图，令中国人眼界大开。

1584 年 8 月，利玛窦和他的伙伴们在肇庆建立了仙花寺，开始传教工作。起初传教十分低调。神父们行事小心谨慎，主要精力都在学习汉语和中国的礼节习俗上，以博得中国人尤其是官员们的信任。利玛窦们身穿佛教僧侣的服饰，认为这样能够博得人们的好感，而且他们也觉得这与天主教神父的装束相差不大。这也使中国人更加相信利玛窦们是远道而来的僧人。利玛窦们在这里挂上了圣母玛利亚的画像，许多士人官吏，甚至僧人都来跪拜，利玛窦们感到非常兴奋。但是从中国人的角度来讲，这更多是礼节性的，而没有宗教意义。后来利玛窦们担心中国人看到玛利亚的画像会误认为他们的神是女性的，而改挂了基督像。

在 1584~1589 年这 6 年间，在肇庆的利玛窦制作并印行《山海舆地全图》，这是中国人首次接触到了近代地理学知识。利玛窦利用解释各种西方事物的机会，同时介绍了天主教信仰。利玛窦们翻译了《十诫》《主的祈祷》和《圣母赞歌》以及《教理问答书》。很快也有中国人对天主教产生兴趣，于是利玛窦开始派发罗明坚撰写的《天主实录》，以中文解释天主教的教义，许多中国人都对这部书产生了很大的兴趣。

在肇庆期间，利玛窦还系统全面地学习了中国传统文化，开启了中西文化交流的历史篇章。期间传入的现代数学、几何、世界地图、西洋乐等西方文明，使中国人的世界观从以自我为中心的观念开始认知到世界是一个圆球。从某种意义上说，中国现代数学起源于肇庆。

韶州

1589年（万历十七年）夏天，广东新任总督将利玛窦所住的西式建筑据为己有，于是利玛窦移居韶州。在韶州的时候，利玛窦遇到了一次意外，他们遇上了强盗打劫，虽然利玛窦受了一点伤，但是幸好利玛窦们吓退了强盗，而且很快这些强盗就被逮捕归案。在韶州期间，另外一个不幸是利玛窦的两名部下相继逝世。1591年麦安东神父逝世，1593年石方西神父也辞世了。而另外一名神父罗明坚则早已返回了欧洲，只剩下利玛窦一人在中国从事传教事业。

从1594年起，利玛窦攻读《四书》，并首次将之译为拉丁文。而通过与瞿太素和其他许多中国上流社会人士的接触，利玛窦发现自己先前的佛教僧侣装扮在当时的中国社会并不受到尊重，社会地位也比较低下。为了更方便地与中国的官员交往，在征得教廷主管的同意后，利玛窦开始蓄发留须，并穿起了当时儒士的服装。

南昌

1595年（万历二十三年）利玛窦借口为一位北上任职的官员之子治病，而获得了去南京的机会。但是到了南京以后，利玛窦陪同的官员对利玛窦逐渐失去了兴趣，他只好自己设法留在南京。然而这一次失败了。利玛窦只好折返南昌，并获得批准在此居住。在南昌，利玛窦知遇了江西巡抚陆万垓，向陆万垓展示三棱镜、西国记数法和钟，并讲解西方书籍的内容，利玛窦还向当地学人讲解数学问题与日晷计时问题。

1596 年 9 月 22 日，利玛窦在南昌成功地预测了一次日食，这使得他很快成为了一个有名的人物。在这里，利玛窦结交了许多儒士权贵，并受当时的名士章潢之邀在著名的白鹿洞书院讲学交流，与分封在南昌的皇族后裔建安王和乐安王建立了友好的关系。

王室成员、各级官员都对地球仪、玻璃器皿、西式装订的书籍等礼物极感兴趣，利玛窦便在自己的住宅举行“科普”展览，表演先进的记忆方法。之后又出版《交友论》，并开始撰写《天主实义》，选择适合中国人伦理观的西方伟人语录加以刊行。利玛窦放弃建造教堂、公开传教的方法，进一步用中国自古就有的“上帝”偷换“天主”概念。利玛窦在南昌传教的 3 年，也是他的传教策略在探索和实践中逐步形成的过程：利玛窦与江西的官绅阶层进行了密切交往和友好的对话，并在这个过程中形成了一套成功的传教策略——南昌传教模式。

1596 年，利玛窦被任命为耶稣会中国教区的负责人，全权负责在中国的传教活动。并且指示利玛窦想办法到北京觐见中国的皇帝，以达到在中国传教的有力保障，而且还从澳门送去了许多给中国皇帝准备的礼物。

南京

接受了新任务的利玛窦开始策划北京之行。没过多久，利玛窦就联系了北上任南京礼部尚书的王忠铭，想跟随王一起去南京，而且王忠铭还表示要带利玛窦去北京。

1598 年 6 月 25 日，利玛窦与郭居静神父（Lazzaro Cattaneo）同王忠铭一起离开南昌奔赴南京。7 月初利玛窦一行到达南京，9 月 7 日利玛窦抵达北京。但当时正值日本侵犯朝鲜，利玛窦作为外国人无法在北京久留，而且又遇到了财政上的困难，仅住一个多月便只好返回，次年 2 月 6 日到南京。

在南京居住期间，利玛窦通过瞿太素的帮助，结交了不少名士，如南京礼部侍郎叶向高、思想家李贽、科学家徐光启等。当然这主要还是由于人们对利玛窦的自然科学知识的倾慕。值得一提的是，在南京，利玛窦还与一位三淮和尚（即大报恩寺僧雪浪）进行了一场辩论，在这次辩论中，利玛窦凭借其科学性的思辨明显占了上风。利玛窦还在正阳门（今光华门）内洪武岗西崇礼街（今尚书巷）建成内地第四座天主教堂，他在城西罗寺湾的住址后来也成为著名的天主教堂——石鼓路天主教堂。利玛窦的这些活动使南京成为中国天主教史上最重要的传教中心之一。

北京

1600 年（万历二十八年）5 月 18 日，利玛窦带着庞迪我神父和准备献给皇帝的礼物再度赴京，并于 1601 年 1 月 24 日抵达北京。进呈自鸣钟、圣经、《万国图志》、大西洋琴等方物，得明神宗信任。1601 年，明神宗下诏允许利玛窦等人长居北京。但中国的朝廷根本没有注意到，利玛窦长住北京的目的是为了传播基督教。

之后利玛窦在北京以丰富东西学识为由，结交中国的士大夫，常与宾客谈论天主、灵魂、天堂、地狱。同时编撰新书，包括以中文写成的《二十五言》等，得到不少中国知识分子的尊重。到了 1605 年，北京已有 200 人信奉天主教，当中有数名更是公卿大臣其中最著名的，也是后来影响最大的，是进士出身的翰林徐光启。

1610 年 (万历三十八年)5 月 11 日，利玛窦病逝于北京，赐葬于平则门外的二里沟。

第二节 利玛窦的影响力

长期以来，西方许多人，尤其是天主教徒将利玛窦视为令人景仰的、“诱导异教徒皈依的”传教士。而东方却将利玛窦视为促进东西方交流的科学家。王应麟所撰《利子碑记》上说：“万历庚辰有泰西儒士利玛窦，号西泰，友辈数人，航海九万里，观光中国。”

利玛窦从1582年8月初到达澳门，到1610年5月病逝于北京，在中国生活奋斗近28年。在此期间，利玛窦从年近30的青壮之年，到近60的花甲之年，从中国的南海之滨广东韶州，几经辗转最终抵达北京，觐见中国最高统治者——明朝万历皇帝神宗。其间经受了受远和生活的重重考验，以及中国的金字塔社会不同阶层的重重洗礼，终于获准以尊贵的地位常住京都北京，并体面地在中国传播西方学问。

从历史典籍中我们不难看出，利玛窦不是第一个进入中国的西方传教士。在利玛窦之前，中国早在唐朝时就曾一度流行基督教的聂斯脱利派（景教），元朝时天主教就已经进入中国，但是到了明朝以后，中国基本上没有基督徒。

利玛窦是天主教在中国传教的开创者之一，时至今日仍可以当之无愧地称之为最具影响力的在华西方文化使者。利玛窦成功地在北京觐见皇帝，而且在中国士林阶层中建立了良好的声誉和关系，开启了日后传教士进入中国之门，而且也开创了其后200多年传教士在中国的活动方式：一方面用汉语传播基督教，利玛窦本人更穿着中国士大夫服饰；另一方面用自然科学知识来博取中国人的认同和尊崇。这就是西方后来尊崇并倡导的“利玛窦模式”的传教模式。

带着西学而来的利玛窦也开展了晚明以来士林阶层学习西方自然科学的风气。受利玛窦影响，从明万历至清顺治年间，一共有150余种西方书籍被翻译成中文，利玛窦在中国的近30年的活动或者说奋斗，在另一个层面极大促进了东西方文化的交流融通。

利玛窦撰写的《天主实录》以及和徐光启等人翻译的欧几里得《几何原本》等书，不仅带给中国许多先进的科学知识和哲学思想，而且许多中文词汇，例如点、线、面、平面、曲线、曲面、直角、钝角、锐角、垂线、平行线、对角线、三角形、四边形、多边形、圆心、外切、几何、星期等词汇就是由利玛窦们创造并沿用至今。

利玛窦制作的世界地图《坤舆万国全图》是中国历史上第一份世界地图，在中国先后被刻印12次。而且问世后不久，在江户时代前期被介绍到了日本。该地图使得日本人传统的崇拜中华的“慕夏”观念因此发生根本性的变化，对日本地理学的发展有着很重要的影响。北极、南极、地中海、日本海等词汇皆出于此地图。至今，日本仍称17~18世纪的地图为利玛窦系地图。

利玛窦本人勤勉好学，其家族是当地经营药房的名门望族，早年被父亲送去罗马学习法律，但是16岁的利玛窦违背父亲的初衷，转而加入耶稣会，并开始在耶稣会下的罗马学院学习哲学和神学，利玛窦师从当时著名的数学家克拉乌（Christopher Klau）学习天算。在这段时间，利玛窦还学会了拉丁文和希腊语，而且也会使用葡萄牙语和西班牙语。

在印度传教的4年间，利玛窦悉心学习了人文学科，在得到印度方面许可后引导当地人学习哲学、教理和神学等欧洲文化。到达澳门后，以极大的热情投入到汉语的学习和汉语注音（汉语拼音）的研究中，这比中国在清朝末年及至民国和20世纪50年代，一步步实现的汉语拼音，提前了400多年开始。其后在每一个可以利用的时间和机会，利玛窦努力学习并研究中国当时盛行的儒家思想及学说，学习中国的士林文化，中国的文学、医学、自然科学、数学、天文学等，甚至入乡随俗穿上中国的服饰服装。

利玛窦死后不仅从派遣利玛窦进入中国传教的教宗那获得了极高的评价，而且在利玛窦谢世后，中国的最高权力统治者开创先河，准允外国传教士死后葬于中国，这都显示了利玛窦在世界文化融合交流进程中起到的不可磨灭的贡献。

《利玛窦传》一书的日本作者平川佑弘称，利玛窦是“人类历史上第一位集欧洲文艺复兴时期的诸种学艺，和中国四书五经等古典学问于一身的巨人”。

当然，正如利玛窦在中国近30年的光阴里，时刻与命运、与政治博弈，而身世坎坷一样，历史对利玛窦的评价也并非都是正面的褒扬。在利玛窦死后数年，乃至数百年，人们对利玛窦的批斗一直没有停歇过，尤其在利玛窦刚去世不久，当时的儒士和僧众对天主教进行了激烈的批判。

崇祯十二年（1639年），徐昌治订正印行《圣朝破邪集》八卷（亦题《破邪集》或《皇明圣朝破邪集》），就是万历、崇祯年间佛教僧众（部分儒家士大夫）对天主教进行的狂风骤雨式的批判。其批判历时之久、规模之大、涉及问题之多、论辩之激烈、影响之深远，在中国文化史、学术史和宗教思想史上，都是罕见的，即使在迄今为止的人类思想文化史上，也算得上声势浩大。

而且到了清朝，儒士对利玛窦试图僭越儒家传统，基督化儒家的传教方式仍然十分不满，批斗之文风仍屡见不鲜。

利玛窦墓依照明朝神宗“与以陪臣礼葬阜成门外二里沟嘉兴观之右”之礼，于平则门外二里沟的滕公栅栏修筑。由于西方列强辱没清王朝引发民族激愤，1900 年墓地被义和团砸毁，墓穴被掀，碑石被砸。其后清政府依《辛丑条约》出资重修了被毁墓地，而且还立了一块道歉的石碑。

1949 年中华人民共和国成立之后，外国神父被迫撤离了中国，1954 年，墓地内只有利玛窦、汤若望、南怀仁 3 人的墓碑依照国务院宗教事务管理处指示被保留在原地。“文化大革命”期间，利玛窦墓碑被平埋于地下，让其“永世不得翻身”。1978 年 10 月，邓小平、李先念等 5 位中央领导批准重修利玛窦墓。1979 年后墓地得到了修复，并列入了北京市文物保护单位。

第三节 利玛窦惊人的记忆力及《记忆宫殿》

利玛窦生平留下众多著译作品。这其中包含最早把星期制度引进中国的《天主实义》；开创中国数学几何学的《几何原本》；中国的第一张世界地图《坤舆万国全图》；引领中国汉字拉丁化道路之始的《西字奇迹》；涵盖现代中国数学基础教育四则运算、分数至比例、开方、正弦余弦等三角几何主体的《同文算指》；让普通人能有过目不忘的能力的《记忆宫殿》（又称《西国记法》或《记法》）等。

《记忆宫殿》，明朝万历二十三年（1595）利玛窦初著于南昌，那时利玛窦进入中国有13年，不仅已经能讲一口流利的士绅间流行的“官话”，而且对于士绅必读的《诗》《书》等经典，下了不少功夫去记忆诵读，能够当众将临场指定的段落倒背如流。

中国历朝历代都有官方颁布的经传文本作为科举考试的重要测试尺度，四书五经即为明代学子求官入仕的初阶必读书目，然而由于缺乏记忆的诀窍，大量记诵的书目让无数追求“学而优则仕”的读书人烦恼不已，并成为许多人无法逾越的障碍，而从西方远道而来的学者利玛窦，只花了10年时间，便对中国的经书典籍烂熟于胸，乃至可以倒背如流，不能不令人惊讶，甚至有人认为利玛窦有玄秘神功。

1595年，利玛窦阴差阳错来到南昌，在一次可以拜见建安王和乐安王的宴席上，有人提及利玛窦具有惊人的记忆力，大家不约而同地都把视线集中到利玛窦身上。宾客中有人力邀利玛窦略显神通，让众人开开眼界。起初利玛窦连连推辞，后来终敌不过大家的再三邀请。有人顺手递给利玛窦一本诗集，并将信将疑地说：“阁下若果肯把当中一首诗过目，然后背给在座诸位听听，小弟自当感激不尽。”

利玛窦接过诗集，粗看约有四五百字，只花了几分钟就全部看完，然后把书交出。众人屏息拭目以待，四周鸦雀无声，只见利玛窦站起身来，凝神回忆，开始背诵，如捧着书本念一样，从容流利。众人面面相觑，如此不可思议的流利确实匪夷所思，宾客中有人终于耐不住旁敲侧击地说：“这本书你一定读过了吧？”

面对猜疑，利玛窦坦然解释说：“这本书，今天我还是第一次读的呢！”不过利玛窦也留意到不少人都在疑心。为了免得大家以为他欺骗人，利玛窦轻松地继续说：“麻烦诸位在一张纸上写出五百个上下不连贯的字出来，在下愿意凭记忆把它们背出来，如此再无作假可言！”

大家无不称赞这个主意，立时令人置备了笔墨纸砚，宾客各人顿时兴趣浓厚，踊跃挥毫，有的写自己感兴趣的词句，有的窃笑写写偏僻生门的词字，总之想写什么就写什么，片刻间写了满满的几页纸，利玛窦拿到纸张，不慌不忙，凝神敛气把这篇不成文的怪文章看了一遍，就还给了众人，并让大家在利玛窦背诵的时候，对着原稿以核对背诵的正确度。

利玛窦逐字背诵，声调铿锵，一字不漏。大家只是目瞪口呆，对于这样惊人的记忆力，大家只有叹服的份儿。忽然座中有人提议利玛窦再表演一次，利玛窦客气地推辞，但是众人好像激动起来，邀约之声此起彼伏。结果利玛窦提议，从后往前倒过来背这篇纸张上的内容，结果仍然是从尾到头一字不差。

于是利玛窦在南昌声名鹊起，成了诸王贵族的座上客，成了大小官员和各类士子争相造访的世间奇人，也使能号令通省军队的巡抚陆万垓，屈尊请求利玛窦把他的记忆术传授给自己的两个儿子。既感到光荣，同时又由于造访人数众多，不堪接待烦扰的利玛窦，决定公开自己记忆术的秘密，于是利玛窦编译了这本《记忆宫殿》。

利玛窦从一个全新的视角，以异域人对中国事物高度的好奇心，结合中国汉字的“六书”构字方式，充分发挥人的想象力，去识认文字。

后来发觉此举居然引发广大士绅及士子的极大共鸣，以为这种记忆术来自极大天赋，并纷纷求教，以期望自己也具备如此特异功能。

《记忆宫殿》总六篇，内容主要是传授形象记忆法，在书中重点论述了怎样进行图像转化，并进行空间位置营造以及图像定位记忆，文中大量引述汉字及文章的速记实例，运用汉字的构造法，融合形和声，巧妙快速记忆字句。

第二章

记忆术与记忆宫殿

第一节 《记忆宫殿》原本篇第一

原文

人受造物主所赋之神魄，视万物最为灵悟，故遇万类悉能记识，而区别以藏之，若库藏之贮财货焉。及欲用时，则万类各随机而出，条理井井，绝无混杂。然人知能记忆，而不知所以藏贮，所以区别者从何而致，且翕受果在何处，其敷施之妙，卒莫能语诸人。此则造物主显露密秘，运斡精蕴，人乌得而测之乎？吾西士间尝论其概矣。兹再次第于左，以求同理。

记含有所，在脑囊，盖颅颐后，枕骨下，为记含之室。故人追忆所记之事，骤不可得，其手不觉搔脑后，若索物令之出者，虽儿童亦如是。或人脑后患，则多遗忘。试观人枕骨最坚强，最丰厚，似乎造物主置重石以护记含之室，令之严密，犹库藏之有扃鐍，取封闭巩固之义也。

人之记含，有难，有易，有多，有寡，有久，有暂，何故？盖凡记识，必自目耳口鼻四体而入。当其入也，物必有物之象，事必有事之象，均似以印印脑。其脑刚柔得宜，丰润完足，则受印深而明，藏象多而久。其脑反是者，其记亦反是。如幼稚，其脑大柔，譬若水，印之无迹，故难记。如成童，其脑稍刚，譬若泥，印之虽有迹，不能常存，故易记而亦易忘。至壮年，其脑充实，不刚不柔，譬若褚帛，印之易，而迹完具，故易记而难忘。及衰老，其脑干硬大刚，譬若金石，印之难入，入亦不深，故难记，即强记亦易忘。或少壮难于记忆者，若镌金石，入虽难而久不灭，故记之难，忘之亦不易。衰老易忘，犹图画在壁，其色久而暗脱，不能完固。

且人赋质不齐，故记识亦有难易。大都两间气，钟聚流行，处处不同，有清、有浊、有轻、有重。赋其清而轻者，其人多聪明睿哲，故善记。赋其浊而重者，其人多昏蒙卤钝，故善忘。赋其清而重者，其人多敏达，而端严凝固，亦善记。赋其浊而轻者，其人多谲诈，而浮躁薄劣，亦善记。此又气之所然。人能审其所赋之偏，加修摄涵养，则可造于中正，而不为方隅所拘，竟累吾心之灵明也。学者勉旃。

凡人晨旦记识最易者，其脑清也。若应接烦扰，或心神劳瘁，皆能致脑干。或邪寒酷炎，冷热过宜，或醉饱过度，又食物中有坚韧油腻难消者，或果食未熟，蔬菜、腌肉及诸乳、诸豆，豆腐，核桃，河池鱼，凡浮胀之物，俱能混浊调脑之气，滞塞通脑之脉，故难记易忘。观此坏脑之故，则所以调摄之法，不可不得其宜矣。

昔人善记者，有若古昔般多国王，所属之国，二十有二。其诸国语音文字各殊，国王悉能通达，不用翻译。有若巴辣西国王，将兵数十万，皆一一记其姓名。有若利未亚一国王，遣使至罗马，舍定，罗马诸臣千余人造馆劳问，翌旦使者入朝，见诸臣，即一一详其姓名答谢之。厄斯其诺生平多识广记，不胜其烦，偶闻西末泥德创记法，乃云："何庸若所为哉？第以善忘法教我，则惠我多矣。"呜呼！若厄斯其诺者，果得为能论欤？世不能尽如其善记，则记法亦不得不尚焉尔。曩有博学强记之士，人以石击破其头，伤脑，后遂尽忘其所学，一字不复能记。又人有坠楼者，遂忘其亲知，不复能识。又人因病，遂忘一切世故，虽已名亦不能记忆之矣。

养记忆之法，大略时习而日用之，庶免生疏。但须先其难者，后其易者。盖先之以难，遇易者则愈易尔。譬如健步，初握两铁锤而行，及徒手而趋，不觉其为劳矣。养记之法甚多，书不悉载，亦有用药物者，医家知而能之。今惟有象记法，颇简易便捷，而其用亦可谓广大矣。

译文

人类受到造物主所赋予的灵魂之后，观察万物最具有灵性，所以不管遇到什么东西都能识别记忆，并且能像往库房里贮存财物一样，将之分门别类地收藏起来。等到用的时候，还可以随时拿出来，井井有条，绝对不会混杂。然而，人只是知道能记忆，却不知道这些记忆为什么能贮藏，它们之间的区别又是从何而来，并且最终会产生什么样的影响。这其中布置的奥妙，很难跟别人解释清楚。造物主彰显神秘，运算天地，岂是人能猜测出来的？我在西方曾经介绍这方面的一些皮毛，如今，我想再找一些论据论证，希望能得出同样的理论。

记忆是有住所的，这个住所就在脑囊，大约在头后面的枕骨下。所以人们想事情突然想不起来的时候，都喜欢用手挠后脑勺，就好像要将之拿出来似的，即便是小孩子也是这样。如果人的后脑勺受到伤害，则很多事情都会忘记。仔细观察发现，人的枕骨是最坚硬、最厚实的，造物主似乎就是要安排最坚硬的石头来保护记忆的住所，就是为了让它严密。这就好像库房的门闩一样，主要作用就是封闭巩固。

人的记忆，有难有易，有多有少，有长有短，这是为什么呢？大凡记忆，必定是通过人的目耳口鼻等器官进入大脑的。当记忆进入的时候，物体就会有物体的形象，事情就会有事情的形象，就好像印章一样印在了脑子里。如果大脑的刚柔恰到好处，润泽完备则印记深刻而明晰，藏象多且持久。如果不是这样，则相反。婴幼儿的大脑极柔，就好像水一样，印章盖上去之后了无踪迹，所以很难产生记忆。少年儿童，大脑稍微成熟了一些，就好像泥一样，印章盖上去虽然有痕迹，但是不能长存，所以容易记也容易忘。壮年的时候，人的大脑变得充实，不刚不柔，就好像布帛，很容易产生印记，并且很完整，所以易记而难忘。等到老年的时候，大脑变得干硬过刚，就好像金属和石头，形象也就很难印上，就算印上了也不会太深，所以很难记住，即便是强行记住了也很容易忘记。 有的年轻人感觉记忆吃力，就好像在金属和石头上镌刻，虽然很难但是久而不灭，所以记住很难，却不容易忘记。人衰老时容易健忘，就好像墙上的壁画，时间久了颜色自然会发暗脱落，不再完整。

人的天赋参差不齐，所以记忆也就有难有易。总的来看，可分为两个方面，因组合不同而不同：或清或浊，或轻或重。天赋清而轻的人，多聪明睿哲，善于记忆。而天赋浊而重的人，多愚昧混沌，经常会出现健忘的现象。天赋清而重的人，多聪明而沉稳，也善于记忆。天赋浊而轻的人，多谲诈而浮躁，不过也善于记忆。这都是两种禀赋导致的。人要是能认识到自己天赋的偏重点，有针对性地加以培养，就可以趋于中正，而不受自己的局限性的影响，心也不会这么劳累。学者应当自勉。

一般来说，人早上记忆最容易，因为这是脑子最清醒的时候。如不断受到烦扰，心神劳累，都可以导致大脑变得干枯。严寒酷暑、冷热不当、酒饭过度以及食物中油腻过多，或是食物不熟，蔬菜、腌肉、各种豆制品、核桃、河池鱼等所有挥发性食物，都能让脑气变得浑浊，使血脉阻塞，从而记忆力减退。诸如此类影响脑子的因素，人们应当找到合适的调节方法，谨慎对待。

古时擅长记忆的人非常多，古昔般多国王就是其中之一，有二十二个附属国，并且各个国家的语言文字都不统一，但是国王根本就不用翻译，竟然都能看懂。另外，巴辣西国王也是如此，他有数十万兵将，竟然能一一记住他们的姓名。还有利未亚的一个国王，曾派遣使者到罗马、舍定，罗马随后派出了一千多人回访，第二天使者入朝拜见，竟然能把大臣们的名字都说出来，并一一答谢。厄斯其诺生平广闻强记，然而却不胜其烦，偶尔听说西末泥德发明了记忆术，于是说："这些记忆术有什么用呢？如果能教给我善忘法，就是对我最大的恩惠了。"唉！就像厄斯其诺这样的人，真给了他又能怎么样呢？世人不能都像他那样善于记忆，只得去苦苦追求高超的记忆术了。曾经有一个博学强记的人，被石头击破了头，伤到了脑，之后忘掉了其平生所学，一个字都记不起来。还有坠楼的人，伤到头后，连自己的亲人都能给忘了。又有的人生病之后，会忘记一切，就连自己的名字都想不起来。

培养记忆术，无非是时常复习，每天都运用，从而避免生疏。但必须先记难的，再记容易的。先记忆难的，则容易的事情也就会更容易。譬如说快速走路，刚开始手里拿两个大锤往前走，等到空着手走的时候，根本就感觉不到劳累。培养记忆术的方法很多，这里就不多说了，也有用药物的，但只有医生懂得怎么用。不过，如今有了象记法就简易便捷多了，它的用处也可以说非常广泛了。

第二节　记忆术的研究历史

记忆能力是人的智力最重要的组成部分，从古至今人们对于记忆原理以及改进提升方法都投注了极大的热情，给予研究甚至进行大量的实验。古今中外对于记忆的理论和学说浩如烟海，尤其近现代以来，随着医学解剖学及心理学的发展和计算机应用技术的发展，和边缘交叉学科的融合发展，记忆理论和对于记忆的研究更是精彩纷呈。**这个充满神秘色彩的学科领域，从古至今令无数人沉醉其中，人们通称它为记忆术。**并用希腊神话中十二泰坦之一的记忆女神摩涅莫绪涅（Mnemosyne）的名字来命名记忆术——Mnemonic。

公元前 4 世纪，古希腊思想家柏拉图提出被后人称为“蜡板假说”的记忆理论，他也是在记忆问题上提出重要概念的第一人。“蜡板假说”理论认为：人对事物获得印象，就像有棱角的硬物放在蜡板上所留下的印记一样。

这个学说也是与利玛窦在《记忆宫殿》第一章提及的“物必有物之象，事必有事之象，均似以印印脑”相吻合的，当然这个学说提及的记忆的原理，是将记忆的复杂过程变得简单直观也便于理解，记忆术的研究和向实践运用转化，虽然显得有点简单粗劣，但以当时的科技水平这已经难能可贵。

公元前 4 世纪末的古希腊哲学家亚里士多德认为，心脏的部分功能与血液有关，而记忆则是以血液流动为基础，遗忘的发生主要是血液流动减缓所致。这是一个较为进步的概念。今天我们所认为的一些大脑的功能，在亚里士多德那时主要被当作了心脏的功能。现代解剖学公认的是人的思维中心在脑而不在心，但是在中国的古典文化，甚至现在我们的大多数汉语文字里，关于人的思维活动的词汇都是以“心”作为主导的，比如：心想、心理学。以当时的科技水平这也是较为进步的记忆理论。

古罗马和古希腊并称的古欧洲两大文明，在哲学等自然及人文科学方面建树颇多，而在记忆理论上的研究很少，不过他们使用的“罗马房间法”一直延续使用到今天。古罗马时代，元老院的长老们和一些长于观点讨论的演说家，为了演说和辩论，需要引经据典，让观点更有说服力，这就需要记住大量资料，如法典、数据等内容。于是，人们便慢慢地摸索出了一套能准确、大量地记忆资料的记忆方法。罗马人利用自己附近建筑物内物品摆设、家具还有许多器皿，利玛窦们大多是固定在一个地方不动的，以它们为媒介，把需要记忆的内容与每样物品进行关联，想象故事情节，然后依照房间的物品顺序，按图索骥进行回想，把情节中的事物信息回忆起来。

其中罗马房间法即是《记忆宫殿》的根本理论和基础记忆方法，所以利玛窦在《记忆宫殿》“明用篇第二”里开篇提及“凡学记法，须以本物之象及本事之象，次第安顿于各处所”，重点强调地点的重要性，在后文，又有大量的篇章来讲解怎样选用地点以及怎样使用地点。

17 世纪法国哲学家笛卡尔（Rene Descartes）认为：记忆和人类其他的智慧行为源于大脑的松果腺，人体的各个部分是通过许许多多细线与大脑的通道口开关相连接。

17 世纪中叶，英国出现了以霍布斯（Hobbes Thomas）、洛克（John Locke）为代表的“联想主义”心理学派。霍布斯对记忆现象做了唯物主义的分析；洛克则在欧洲心理学史上第一次提出了重要的记忆现象——“联想”一词，此后“联想”便成了专门的术语。

19 世纪初，德国生理学家施普尔茨海姆创立颅相学，并迅速在欧美广泛流行，该学说认为，脑是由许多相互独立的部分组成，每个部分控制一个独立的先天心理能力；脑器官的不同发育程度，在颅脑的外在部分表现出来，如隆起或凹陷。颅相学最终没有通过科学的检验，不过不能否认颅相学对于人类认知大脑和记忆的关系起到了极大的促进作用。

19 世纪后期，德国著名心理学家艾宾浩斯对记忆进行严格数量化的测定，对记忆的保持规律作了重要研究并绘制出了著名的“艾宾浩斯遗忘曲线”。

第二次世界大战后，特别是 20 世纪 60 年代以来，记忆研究越来越得到人们的重视。美、英、日、苏等国家或设立记忆法专科学校，或开办函授教学，开始对大众进行增强记忆的普及教育。随着近现代显微技术的发明和使用，科学家逐渐发现脑是由千千万万的小细胞组成的，人们终于意识到记忆可能和这些脑细胞有密切的联系。

近现代关于记忆的科学研究中，一种十分流行的理论就是“痕迹理论”，这种理论从许多方面解释了记忆过程中脑的变化问题。

记忆的痕迹理论认为，短时记忆就是外在刺激通过视觉神经元或听觉神经元的兴奋产生的电活动引起的。神经元的电活动的声波引起神经回路的反响振荡。这种反响振荡可能很快平息，也有可能由于外界刺激的持续使其继续进行，从而引起神经细胞膜渗透各种离子并形成电位差。当电位差达到某一限度时便形成电脉冲。这种电脉冲沿着轴突不断往前传导，引起突触前或突触后（或同时）的兴奋并释放出某种神经介质（如去甲肾上腺等）。这些介质释放到突触间隙之后，引起一系列的化学变化。这种化学变化有可能促使下一个神经细胞继续兴奋，也有可能对其起抑制作用。前者使神经元放电，形成新的脉冲；后者使脉冲在特定的神经元终止。这种神经元之间的物理和化学的变化使短时记忆发展为长时记忆。任何一次从短时记忆到长时记忆的存贮都意味着突触不同程度的生理化学变化和结构改变，即所谓痕迹的形成。

对于记忆过程中脑部发生的变化，现代科学研究认为，除了痕迹理论中提到的脑电位变化，还有脑中 RNA（核糖核酸）和蛋白质数量和种类的变化。而且，对于不同的记忆类型，脑电位的变化不尽相同。

第三节 《记忆宫殿》与记忆术

记忆术的研究及探索根据可靠资料推算，长达两千多年。而现代科技的进步，尤其是边缘学科的发展、交叉学科研究的兴盛和现代仪器设备的升级，都让记忆术的研究和使用更加贴近信息的交流和传递，更贴近信息的本质，也让后天脑力培训有章可循。

人的记忆是一个复杂的心理过程，总体可以分为识认、保持、提取三个基本过程。下面一一分解。

所谓识认就是通过身体感知器官从外界获取信息，并输入大脑的过程。例如：人的眼睛看到桌子上的鲜花，耳朵听到音箱播放音乐，皮肤感到冷飕飕的寒意，鼻子闻到柠檬的清香，嘴巴感受到柑橘的甘甜等，这些信息都通过不同的感官进入大脑，为第二个流程打好基础。

所谓保持就是进入人体的信息和身体里的原有信息进行比对和加工，并留存在大脑的过程。由于信息在人脑和原有信息的比对以及大脑对于信息的处理方式不同，会对信息保持的效率有很大的影响，这就导致有些信息在进入大脑后，很快就忘记，这就是短时记忆，而有些信息由短时记忆转化为长期记忆，可以长久地留存在脑海，还有一些信息作为潜意识的记忆留存下来。保持的效果直接决定记忆的效果。一般而言，在脑海里容易找到相似和模型模板的信息，容易转化为高效的长期记忆留存下来。

根据信息保持的效率可以将记忆分为短时记忆、长时记忆和潜意识记忆。本质上这几种记忆不存在优劣好坏之分，只有由于现代抽象信息的增多，人们会偏重认为长时记忆是好的记忆。其实人体每天都要接受很多信息，如果每天眼睛看到的、耳朵听到、身体感受到的诸多信息全部变成长期记忆储存于大脑，人将不堪重负，正是有选择地忘却丢掉一些信息，才能保证记忆的效率。

从记忆信息的保持中，我们不难理解，对于需要记忆的信息多次重复，可以提高信息保持的牢固度。

所谓提取也被称为重现，它是指过去识记过的事物或知识，虽不在眼前，但仍能把它的影像重新回想起来，或在脑中重现出来。我们都经历过考试，在考试时，我们要按照试题的要求，将有关的知识回答出来，又不能看书，答题的过程就是回忆的过程。

再认就是识记过的事物，再次出现在面前，能够把它认出来的过程。如我们曾见到过的事物、学过的知识，过很长时间后，再看到它们时，仍然能识别出来，这就是再认。

记忆过程包括识认、保持、提取或再认三个基本环节，它们统一在整个记忆过程之中，三者之间既有联系，又有区别，它们有各自的活动规律及有效的条件和方法。

视觉信息中的图像，可以通过以下典型的特征去量化深化，虽然人体感知信息有很强的主观色彩，也就是情绪因素在里面，但是通过这些量化的图像特征，能更清晰地反映出图像的真实，经过专门的训练和培养，人会对于图像的典型特征的抓取变得敏锐，从而提升记忆过程中信息识认的效率，从而在记忆原理过程中的第一环节强化记忆能力。

现代记忆术侧重的是图像信息处理的方式方法，诸如只能在影视作品中看到的间谍特工过目不忘的能力，和像少林功夫快速眼法训练，如今已经是走进寻常人家的学习能力训练，又如近代日本七田真博士提出的“波动快速阅读法”、美国人保罗·席利提出的“影像快速阅读”、美国人格林·杜曼博士提出的“杜曼闪卡训练”。

在《记忆宫殿》中，无论是后面倡导的在脑海建造地点，还是把文字信息进行拆解形成具体的人或者物体，都是在最大限度地将信息进行具象化，将复杂的信息或者抽象不好记忆的信息转化为记忆者熟悉的、生活化的图像事物。

记忆术研究的另一个主题是图像之间的联想联结，近代也有很多后天培养而形成的记忆高手提及，高效记忆的根本是图像之间的联结，在记忆的时候，信息在脑海里要进行丰富的动作联想及将想象中的事物进行摆放。之所以将信息之间进行联结，其一是信息和信息之间的联想联结要依赖于左脑的信息逻辑加工能力，通过一些具体的动作和空间摆放的方位建立联系，让信息之间形成丝线一样的联系，从而可以做到从一个信息顺藤摸瓜找到另一个信息，让信息形成信息链。其二是因为信息之间的联结，让在右脑储存的支离破碎的信息变成一个整体，信息没有联结之前，作为大脑信息的储存要存在多个区间，而变成一个整体，信息储存就变得比较集中。

无论是图像的具象化转化还是图像的联结，其实主要的关注点在于对信息的“记”；而信息的记忆，不仅仅要关注于“记”，还得关注到“忆”。也就是说，记忆其实是两个总体动作，首先信息记录刻印在脑海里，我们很容易理解，人脑每天都要接触很多的图像信息，这些信息大多时候会在脑海留下或深或浅的烙印，比如一个人第一次去一个公园，可能回家后回忆起来的会有限，但是如果再次进入类似的公园，很多图像信息可能会想起来，“想起来”其实就是“忆”的过程。很多时候信息可能已经记在脑海里，但是不一定轻松“忆”出来，从而让信息展现出来。

对于“忆”，更多的时候需要一个信息的激发机制，好比向电脑输入要打开的文件名。在《记忆宫殿》一书中，在记忆之前首先调用很多熟悉的地点，或者在脑海里组建这样的地点，然后将要记忆的信息和这些地点进行联想联结。这些地点是事先预设的，很容易回想起来，并且这些地点按照一定顺序排列，所以它们就像一个个标签，起到激发调取脑海里的信息的作用。这其实是在为“忆”做铺垫。

关于怎样高效实用地点建造宫殿，怎样进行信息及文字的图像转化以及怎样更好地将图像信息进行联结，在《记忆宫殿》的中会分不同的章节进行详细的介绍。

第四节　从左右脑分工理论看全脑记忆

左右脑理论基础

美国心理生物学家斯佩里博士（Roger Wolcott Sperry，1913.8.20~1994.4.17）通过著名的割裂脑实验，证实了大脑不对称性的“左右脑分工理论”，因此荣获 1981 年度的“诺贝尔生理学或医学奖”。

左右脑理论认为正常人的大脑有两个半球，两半球之间由胼胝体连接沟通，构成一个完整的统一体。在正常的情况下，大脑是作为一个整体来工作的，来自外界的信息，经胼胝体传递，左、右两个半球的信息可在瞬间进行交流（每秒 10 亿位元），人的每一种活动都是两半球信息交换和综合的结果。大脑两半球在机能上有分工，左半球感受并控制右边的身体，右半球感受并控制左边的身体。

所谓割裂脑实验就是将大脑左、右两个半球之间的胼胝体割断，外界信息传至大脑半球皮层的某一部分后，不能同时又将此信息通过横向胼胝体纤维传至对侧皮层相对应的部分，两个半球各自独立地进行活动，彼此不能知道对侧半球的活动情况。

从 1952~1961 年的 10 年里，斯佩里先用猫、猴子、猩猩做了大量的割裂脑实验，取得了一些成绩，为以后做“裂脑人”的研究奠定了基础。从 1961 年开始，斯佩里把“裂脑人”作为研究大脑两半球各种机能的研究对象，对“裂脑人”进行了长时间的、一系列的实验研究。

左右脑实验结论

左半脑主要负责逻辑理解、记忆、时间、语言、判断、排列、分类、逻辑、分析、书写、推理、抑制、五感（视、听、嗅、触、味觉）等，思维方式具有连续性、延续性和分析性。因此左脑可以称作“意识脑”“学术脑”“语言脑”。

右半脑主要负责空间形象记忆、直觉、情感、身体协调、视知觉、美术、音乐节奏、想象、灵感、顿悟等，思维方式具有无序性、跳跃性、直觉性。

斯佩里认为右脑具有图像化机能，如企划力、创造力、想象力；与宇宙共振共鸣机能，如第六感、透视力、直觉力、灵感、梦境等；超高速自动演算机能，如心算、数学；超高速大量记忆，如速读、记忆力。右脑像万能博士，善于找出多种解决问题的办法，许多高级思维功能取决于右脑，把右脑潜力充分挖掘出来，才能表现出人类无穷的创造才能。

所以右脑又可以称作“本能脑”“潜意识脑”“创造脑”“音乐脑”“艺术脑”。

人的左脑主要从事逻辑思维，右脑主要从事形象思维，是创造力的源泉，是艺术和经验学习的中枢，右脑的存储量是左脑的100万倍。然而现实生活中95%的人，仅仅使用了自己的左脑。

科学家们指出，终其一生，大多数人只运用了大脑的3%～4%，其余的97%都蕴藏在右脑的潜意识之中。人的大脑蕴藏着极大的潜能，这种潜能至今还处于“沉睡”状态。

左脑是人的“本生脑”，记载着人出生以来的知识，管理的是近期的和即时的信息；右脑则是人的“祖先脑”，储存从古至今人类进化过程中的遗传因子的全部信息，很多本人没有经历的事情，一接触就能熟练掌握就是这个道理。右脑是潜能激发区，会突然在人类精神生活的深层展现出迹象；右脑是创造力爆发区，不但有神奇的记忆能力，又有高速信息处理能力，右脑发达的人会突然爆发出一种幻想、一项创新、一项发明等；右脑是低耗高效工作区，不需要很多能量就可以高速计算复杂的数学题，高速记忆、高质量记忆，具有过目不忘的本领，人的大量情绪行为也被右脑所控制。

高效记忆的基础一定是最大限度地调动左脑的逻辑思考能力和右脑

的图像储存和接受能力。在利玛窦时代没有左右脑分工理论，更无法从解剖学的角度对记忆术进行深入剖析，但是在《记忆宫殿》总书六章中，大量论述均围绕情境图像记忆方式，这也是最大限度地在调动人的右脑图像能力，丰富的文字拆解以及图像之间的联想联结思维都是在充分调动左脑的逻辑思考、信息的再组织能力。所以我们有理由相信，高效的信息处理方式一定是符合事物的本源性的。

第三章

怎样使用记忆宫殿

第一节 《记忆宫殿》明用篇第二

原文

凡学记法，须以本物之象及本事之象，次第安顿于各处所，故谓之象记法也。假如记“武”“要”“利”“好”四字，乃默置一室，室有四隅，为安顿之所。却以东南之隅为第一所，东北隅为第二所，西北隅为第三所，西南隅为第四所。即以“武”字，取勇士戎服，执戈欲斗，而一人扼腕以止之之象，合为“武”字，安顿于东南隅。以“要”字，取西夏回回女子之象，合为“要”字，安顿于东北隅。以“利”字，取一农夫执镰刀，向田间割禾之象，合为“利”字，安顿西北隅。以“好”字，取一丫髻女子 ，抱一婴儿戏耍之象，合为“好”字，安顿西南隅。四字既安顿四所，后欲记忆，则默其室，及各隅而寻之，自得其象，因象而忆其字矣。此盖心记法之大都也。古西诗伯西末泥德尝与亲友聚饮一室，宾主甚众，忽出户外，其堂随为迅风摧崩，饮众悉压而死，其尸齑粉，家人莫能辨识。西末泥德因忆亲友坐次行列，乃一一记而别之，因悟记法，遂创此遗世焉。

凡人亦有未经习法，自然能记者。如学者尝忆念读过经书，其某卷某章某行款，恍如在目。又如人遗物，追思其所经历之处，细细研审，或勃然而记，探即得之矣。又如与人谈论，已而忘失，乃默思其所谈之人之处，因而忆其事其言矣。观此则于象记法，思过半矣。

象记者，其象含意浩博，不止一端。其处错综联络，纲举条贯。初则似苦于繁难，不知安顿得法，井井不混，且取象既真，则记含益坚，布景既熟，则寻索亦易辊以初记似难，而追忆则易。何者？譬负重物，用力必艰，若载物于车，引之而行，不因车之益繁而加重，只觉力省而运捷，盖有所赖也。

凡记法既熟，任其顺逆探取，皆能熟诵。然后，精练敏易，久存不忘。但此法非矜奇炫异，藉以骇人用者，默藏不露可也。

凡日用寻常学问，不可概用此法，恐所设之处，轻易用尽，遇急用者，卒无可用矣。况设处广多，心劳伤，其聪明失所依赖，如饮食过度，其胃脏必致损伤耳。惟切要事宜，初无意义可据者，如姓名，爵里之类，或暂记以便笔注，或强记以备应对，乃用此法，庶为便当。

译文

学习记忆术，必须先把物体的形状和事情的形象依次安顿在各个处所，所以称为象记法。假如要记“武”“要”“利”“好”四个字，先想象一间屋子，屋子里有四个角落供这四个字安顿。把东南角定为第一所，东北角定为第二所，西北角定为第三所，西南角定为第四所。“武”字看起来就像是一个一身戎装的勇士，手握长戈准备战斗，而另一个人抓住他的手腕拼命阻止的样子，这个形象合为“武”字，将它安顿在东南角。“要”字是一个西夏回族女子的形象，合为“要”字，将之安顿在东北角。“利”字是一个农夫手拿着镰刀在田间收割庄稼的形象，合为“利”字，将之安顿在西北角。“好”字是一个女仆抱着一个婴儿玩耍的形象，合为“好”字，将之安顿在西南角。这四个字安顿在四个角，之后想记起它们，只需要想安顿它们的那个屋子，到各个角落里寻找，自然能找到它们的形象，顺着形象就能记起那个字。这就是心记法的大概情况。

西方古代大诗人西末泥德曾经和亲朋好友欢聚一堂，客人特别多，他刚刚出了门，房子被大风吹塌了，聚会的人无一幸免全部被压死，连尸体都被压得面目全非，以至于闻讯而来的家人都无法识别。不料，西末泥德竟然清晰地记得这些亲朋好友的座次位置，将他们一一辨别。因为这件事，西末泥德对记忆术颇有领悟，于是他后来创立了这门学问流传后世。

其实普通人也有没学过记忆术却善记的。比如说学者回忆念过的经书，某卷某章某行，历历在目。又如人丢东西之后，仔细回想他经历过的地方，细细分析，就会突然想起来，去那一找就能找到。与人谈话也是这样，有时候自己想不起来，就默默回忆谈话的人物和地点，会很快想起谈话内容。像这样的象记法多是靠思考的。

象记法里的“象”含义众多，纷繁芜杂。刚开始会感觉很困难，没有头绪，不知道怎么安顿合适，没有条理。如果取象真实，则记忆就会牢固，布景熟练，记忆搜寻起来就会很容易。所以说初记很难，而追忆就容易多了。为什么会这样呢？就好像负重物，光靠蛮力必定困难，而如果把重物放到车上，拉着前行，并不会因为增加了一辆车子而增加负担，只会觉得省力而便捷，就是因为它有了载体了。

记忆术熟练之后，不管怎么追忆都能熟练地记起来。之后若是再勤加练习，时间再长也不会忘记。但是这种方法并不是为了炫耀，故意用自己的记忆术来吓唬别人，一定要低调，不可以轻易外露。

日常的普通学问不要都用这个方法，否则脑中所设的处所就会轻易用尽，如果遇到急用就没有处所可以用了。况且设置的处所越多，心神越劳累，人的聪明智慧就会失去依赖，就好像饮食过度，脏器必定受到损伤一样。不是太重要的事情，例如姓名、地址之类的，或是用笔暂时记下，或是强记以应对，等到有重要的事情再用这种记忆术。

第二节　记忆宫殿法的使用要点

记忆宫殿要点之一：营造脑海中的宫殿

在现实生活中，我们每天都会出入很多的建筑物，而作为我们生活的主体事情都和“吃喝拉撒睡”“走跑跳拿”等主体动作联系在一起，联系这些动作的都是日常生活中的物品和器具，比如桌椅板凳、锅碗瓢勺。这些物品是和我们的生活息息相关的，而且我们也能很轻松地将自己的喜怒哀乐愁等情感融入其中，自然也能很轻松地记忆我们经常出入的建筑物内的物品，比如办公室的桌子、厨房的炊具等。

同样的道理，如果我们有足够的财力和能力给自己建造 10 个形态各异的厨房，100 个千差万别的办公区间，我们就能够在这许多的房间里放进去无数的物品。

上面我们提到的是在房间里放物品，那如果在各个房间里放书呢？或者干脆想象在每个房间里发生很多的事情呢？是不是我们就可以借此记住很多事情呢？答案是肯定的。

再推理，如果我们不去建造实物房屋，而只是在脑海里设想有很多这样的建筑物，而且我们不但去建造简单的厨房和办公室，而是去建造更多丰富多彩的建筑物，甚至是王宫宫殿呢？答案是肯定的，这很容易实现，这就是记忆宫殿的第一步，在脑海里设想很多的房屋建筑，一个套一个，一个连一个，它们就像神话里的宫殿殿堂一样。当然这些房屋是你自己熟悉的，知道它摆放在哪个位置的，让自己能有身临其境的感觉。

对记忆宫殿的选择，这里还推荐了一些行之有效的方法，比如路线法：

选择你所在城市的熟悉的道路。比如你开车上班经过的，或其他你熟悉的街道的顺序。

选择你现在或者以前的学校。你可以想象从教室到图书馆的道路（或者是去街对面的酒吧，如果那让你铭记于心的话）。

选择工作场所。想象从你的隔间到咖啡机，或者到你老板的办公室。

选择旅游风景区。想象在附近一带散步或者你在公园里慢跑的路线。

记忆宫殿要点之二：找出或者陈列宫殿中具有特征的物品

等建造好了自己的记忆宫殿之后，第二个步骤就是，在宫殿里摆设物品。

摆设放置的物品一定要遵循具有明显特征的要求，比如，如果你选择巡视你的家，大门应该是第一个引起注意的特征物。

继续在你的记忆宫殿里做虚拟漫步。进门之后，第一个房间里有什么？

系统地分解这个房间（你可以确定一个标准程序，比如总是从左看到右）。下一个引起你注意的特征物是什么？可以是餐厅中间的桌子，或者是墙上的一幅画。

一边走一边继续在头脑中记录其他的特征物。它们中的每一个都将成为一个“记忆槽”，等下你就可以用来储存一个特定的信息。

摆设放置物品的时候，尤其要注意的是物品选择的数量要适度，不宜过多，也不宜过少，过多容易出现物品的重复和混乱，不利于以后回想回忆，物品过少，以后记忆的时候由于每个房间能存放的信息过少，会降低记忆效率。

记忆宫殿要点之三：把记忆的信息进行具象转化

记忆的信息形形色色、各式各样，有些具有典型图像，很容易在脑海产生图像感，而有些信息抽象难以理解。要想在记忆宫殿中能够轻松记忆各种各样的信息，必须要将记忆信息进行图像的整理和转化。这在后面的章节有更为详尽的介绍。

记忆宫殿要点之四：运用联想进行定位联结

建造好宫殿,摆设放置好物品,接下来就是正式利用宫殿进行记忆了。

就像人脑思维的发生方式，是靠无数的脑神经元细胞进行连接传递一样,记忆一定是寻求信息之间的联系,而当信息不具备直观联系的时候,我们需要发挥自己的想象力，使之联系起来，从而且提升记忆效率。

所以记忆宫殿也是通过形象化的联想起作用。过程很简单：你选择一个宫殿里摆放好的物品——称为“桩”——和你想记住的信息结合起来。一个“桩”可以联想记忆一个物体或者人，一个字词或者一句话，甚至一段话，这样通过运用一定量的宫殿里的“桩”，把一篇文章甚至一本书记忆下来。

把需要记忆的信息和“桩”联想联结的时候要注意的是：让联想联结尽量是滑稽的、疯狂的、生动的、荒谬的、讨厌的、不同寻常的、超凡脱俗的。

总之，那些奇异的、搞怪的、独一无二的方式让人更容易记住。也许有些场景在真实生活中永远不会发生，但是为什么拒绝让它在想想中发生呢?

我们来举例说明：用“家”这个记忆宫殿来记购物清单。假设清单上的第一项是“腌肉”。

让思维送你去你的记忆宫殿。你在头脑中看见的第一个特征物是你家的大门。现在，用一种滑稽的方法，把“腌肉”和你家大门的样子形象化地结合起来。比如想象巨大的腌肉条像B级片的僵尸一样从门下涌出来伸向你的腿，这样如何？去感受“腌肉手”在你腿上的触感。去感受那该死的邪恶的腌肉味。这足够让人印象深刻吧？

现在打开门，沿着你已经确定的那条路线继续走。看到的下一个特征物，把它和要记忆的下一项联系起来。比如下一项是“蛋”，而第二个特征物是丈母娘的照片。很好，在这点上你知道该怎么做……程序都是一样的，只要保持头脑中的画面联想，直到记住所有要记的信息。

第四章

打造自己的记忆宫殿

第一节 《记忆宫殿》设位篇第三

原文

凡记法，须预定处所，以安顿所记之象。处所分三等，有大、有中、有小。其大，则广宇大第，若公府，若黉宫，若寺观，若邸居，若舍馆，自数区至数十百区，多多益善。中则一堂、一轩、一斋、一室。小则室之一隅，或一神龛，或仓柜座榻。斯其处所之大概也。其处所，又有实、有虚，有半实半虚，亦分三等。实则身目所亲习，虚则心念所假设，亦自数区至数十百区。着意想象，俾其规模境界，罗列目前，而留识胸中。半实半虚，则如比居相隔，须虚辟门径，以通往来；如楼屋背越，可虚置阶梯，以便登陟；如堂轩宽敞，必虚安龛柜座榻，以妙分区障蔽。是比居楼屋堂轩皆实，而辟门、置梯、安龛等项，皆心念中所虚设也。大都实有易，而虚设难。虚设非功夫熟练，不无差失，但其妙必虚设，始能快心适意，而半实半虚尤妙之妙耳。

若以虚设为难，可随意图画，玩索印心，与实有者可无殊焉。处所既定，爰自入门为始，循右而行，如临书然，通前达后，鱼贯鳞次，罗列胸中，以待记顿诸象也。用多则广宇千百间，少则一室可分方隅。要在临时斟酌，不可拘执一辙。又不论虚实，序成行列，编成字号。如每至十所立一号，记一十字，总记几十几号，以便查考，以便联络应用，庶免紊乱。夫安象于处所，犹书字于漆板。其字有时洗去，而漆板用之无穷。故处所非象可比，最宜坚固稳妥。然后，利终身之用。至小处所，有相宜及当忌者十三款，备揭于后，其大者、中者，则可触类，不必复举。

一、宜舒广。盖便于安置大象也。若狭隘窘促，象大者不能容矣。但不宜太广，太广则象走易逸。假如安顿一人于处所，高则修长竦立，阔则伸臂横冲，必取其盈满而无余隙。

二、宜闲静。盖会集喧嚣，记象易杂。故若官衙厅事，若堙阓，若市衢，若学堂，凡众聚广会之所，系多人来往者，概不可用。然亦须习睹常履，时时存想，庶其处、其象，隐跃目前，无所遗漏。

三、宜整饬。若墙垣颓圮，器物狼籍，则人起厌心，象亦随散。务以开朗心胸，使易记存。

四、宜光明。盖幽隐暗昧之所，临用索象，多迷失不获。但太明，恐象又随光而散，亦不可得。会须明而不露，密而不昏，在加意斟酌以定之。

五、宜贵美。凡人珍重宝异者，心目恒自注存。故处所若华屋，若精舍，器物若金、若玉、若玻璃，若水晶，若文石、采木、斑竹、佳瓷，若锦绣、段帛、西绒、火布，颜色鲜奇，金采灿灼者，用之为妙。

六、宜洁垲。凡污秽混浊、湫湿畜水者，皆不用。恐心不容受，而象被污浥损坏故也。

七、宜覆盖。若敞露无蔽，恐为雨露浸损其象。

八、宜平坦。凡身所易到之处，象亦易取。若栋间梁上，岑楼危阁，取用大难，心亦不能超达，故易忘失。

九、宜定守。凡各处所，要安一物象，永远守定，不更移易，用此作号，庶免淆乱。假如一处定马，二处定牛，三处定羊，四处定鹤，五处定孔雀，其余类推。但不用此，亦可。

十、宜匀适。凡布置处所，不宜太远，太远则断绝不继，不宜太近，太近则混乱难分。远而五六尺之内，近而三四尺之外。亦不宜忽低忽高，忽平忽深，致意想难于周运。惟联络贯串，如编贝然。

十一、宜镇定。上守定，以物守处所也。此则以物之自为处所者言矣。若桌椅之类，皆易移动者，恐至彼不见其物，即忘其象。故安置既定，再不可迁徙别处。

十二、宜平稳。上镇定，以物之处言也。此则就物之体言矣。凡定处置器，皆要方棱平底，取其稳定，以便置象。若形圆活转，则并象滚失矣，故如辘轳、转轮、浑仪、圆球，皆不用也。

十三、宜奇异相别。凡处所相同，则易混，必虚加藻绘，分采异饰，或定置器物以别之。其器物，大则龛榻仓柜，中则瓮灶，小则鼎盎。若堂轩斋室之中，布置器物，先定行次，其一金，其一银，其一玉，又如水晶、玻璃、文石、采木，以至铜、铁、磁、瓦等质，种种各别，毋得相同。假如一区之中，定置诸器，首龛，次瓮，又次鼎。其龛，一金饰，二银饰，三文石，四斑竹，五紫檀，六乌木，七朱漆，八金漆，九黑漆，十粉油。其瓮及鼎，一金，二银，三玉，四水晶，五玻璃，六文石，七铜，八铁，九花磁，十白磁器。余皆类此。

译文

记忆术需要先预定处所，以安顿所记的形象。处所可分为大、中、小三等。规模大的，例如宫殿王府、寺院道观、深宅大院、公共旅馆等，可分几个区到几百个区不等，越多越好。规模中型的，例如一个厅堂、一间休息室或是一个工作间。小规模的，例如房间的一个角落、寺院的一个祭坛，或者是柜子和座位。这是处所的大概情况。

这些处所又分实、虚、半实半虚三种。“实”就是那些曾经居住过或是亲眼见过的场所；“虚”是完全想象虚构的场所，当然也可以分出几个区到几百个区不等。用心去想象，就好像能把这些东西都罗列在眼前一样，存放在心中。“半实半虚”是说相邻的房子为了往来方便，人们设想在它的后墙上开一扇门。如果房屋跃层就要建造一座虚拟的楼梯以便登临。如果房屋十分宽敞，还要虚设一些龛柜座榻，以巧妙地区分空间。房屋是真实的，而后门、楼梯、龛柜等物体都是心中虚设的。一般情况下，实物容易，而虚设的东西就比较难了。若不是技巧熟练，必然会出差错，这也正是记忆法的奇妙之处，而半实半虚更是妙中之妙。

如果认为虚设太难，可以随意画出来，只要用心记忆，与实物则并无太大差别。形象的处所定下来后，就可以进去了，向右边转行，就像看书一样，了解前后，连续而进，罗列在胸中，然后就可以使用它们记录了。用得多，则可设想成百上千间高楼大厦，用得少，则可以把一间屋子分成几个区域。要随机应变，切忌拘泥一格。另外，不论虚实，把形象排好行列，编成字号，更有助于记忆。例如，每十个数设立一个号，记一个“十”字，到时候只需要记几十几号就可以了，便于查考和联络应用，能有效地避免混乱。

把形象安放在处所，就好像在黑板上写字一样。字可以洗掉，但黑板能反复使用。所以，处所和形象不同，最坚固稳妥，可以终身使用。

至于小处所，有十三条需要注意的事项，以备后用，大处所和中型的处所也可以触类旁通，不再一一举例。

一、宜舒广。这主要是便于安置比较大的形象。如果狭小局促，大形象必定容不下。但是也不宜太宽广，太宽广了形象容易飘走。比如说要在处所安顿一个人，高度要踮起脚跟站起来不觉得低矮，宽度要伸开胳膊而没有妨碍。也就是说，所需空间既要足够大，又不要有太多的空隙。

二、宜闲静。环境太喧嚣了，记忆的形象容易混杂，因此，像衙门、闹市、大路边、学校等人多的地方都不能用。然而也要为平日所见所去之处，随时随地都能够储存形象，不管是什么地方，什么形象，需要用的时候都能跃然于目前而没有遗漏。

三、宜整齐。看到残垣断壁、满地狼藉的场景，人就会起厌恶之心，形象也会随之失散。所以务必要有开朗的心胸，提高自己的记忆能力。

四、宜光明。在幽暗隐蔽的地方寻找形象，多半会无功而返，但是光线太亮了，恐怕形象又会随光而散，也不能获得。要光明而不张扬，隐秘而不昏暗，根据实际情况斟酌而定。

五、宜贵美。对于奇珍异宝，人们总会多看两眼。所以，处所若是华屋精舍，器物若是金玉、玻璃、水晶、文石、采木、斑竹、上等瓷器和布料、西绒、火布等，颜色鲜艳醒目，光彩照人，用起来必定效果奇佳。

六、宜洁净。凡是污秽混浊、潮湿、有牲畜粪便的地方都不能用。恐怕心中不能承受，而形象也会因之而损坏。

七、宜覆盖。如果敞露没有什么遮盖，形象恐怕会被雨水和露水浸湿。

八、宜平坦。凡是身体能去到的地方，形象也能存取自如。如果是梁上或是过高的阁楼上，取时太难，心也不能到达，容易遗忘。

九、宜固定。每个处所安放上一个形象后，就要固定下来，用来作记号，不要一直变换，以免混乱。例如在第一个地方放上马，在第二个地方放上牛，在第三个地方放上羊，在第四个地方放上鹤，在第五个地方放上孔雀，之后，以此类推就可以了，不用这个顺序也可以。

十、宜匀适。布置处所的时候，不适合太远，太远了容易续接不上；也不宜太近，太近了容易混乱难分。远在五六尺之内，近在三四尺之外。也不宜忽低忽高，忽平忽深，导致形象难以运转。要联络贯串，就好像串起来的贝壳一样。

十一、宜安定。前面说的固定，是把物体固定在某个处所里，而这里说的是物体本身就是处所。例如桌椅之类能移动的东西，恐怕移动之后就看不见了，也就忘记了其形象。所以把它布置、安定好之后，就不要再迁移到别处了。

十二、宜平稳。前面说的安定，是指物体的处所，而这里说的是物体的形状。一般来说，不管是设置处所还是添置器具都要方方正正，力求稳固，以方便安置形象。如果是圆形灵活的，则形象就滚落失散了。所以像辘轳、转轮、浑仪、圆球等都不能用。

十三、宜奇异相别。处所太雷同了难免容易混淆，必须要虚设一些装饰彩绘，或是安置一些器物以区别开来。这些器物，大的如神龛、床榻、粮仓、木柜，中型的如水瓮或者灶台，小的如鼎或者水盆。就像在屋子里布置器物一样，先定下来行列，金、银、玉、水晶、玻璃、文石、采木，甚至铜、铁、磁、瓦等材质，分门别类，区别开来。如果要在一个区中安置这些器物，则首先是神龛，其次是水瓮，然后是鼎。即使是神龛也按照材质排列顺序：一金饰、二银饰、三文石、四斑竹、五紫檀、六乌木、七朱漆、八金漆、九黑漆、十粉油。水瓮或者是鼎的材质排列顺序为：一金、二银、三玉、四水晶、五玻璃、六文石、七铜、八铁、九花磁、十白磁器。其他的器物在摆放的时候也按照这个顺序进行。

第二节　打造记忆宫殿的三个要点

我们生活在时间和空间的维度里，在一定的空间里，尤其是建筑物的空间里发生的生活动作，比如在办公室的写字间上班，在教室里听课写作业，在厨房里做饭，在卧室里睡觉，在地下通道里穿行，在两边高楼耸立街道空落的大街行走，日常生活中的吃喝拉撒睡、站走跑跳、喜怒哀乐等，也一定是发生在具体的人和物之上，或者在人和物之间，比如桌椅板凳、锅碗瓢勺，比如亲朋好友。

在一定的时间流里，动作在发生之后，会出现延续、改变或者结束，同时人和物在自行地衰变、反应或者经由动作而被改变。比如一个人挥舞拳头打人，打出第一拳后，接着打出第二拳；比如一个小狗老龄后死去。

可以说我们生活的全部，都是凝聚在一定的空间和时间里，每天都在发生，每天我们都为之忙碌，任何人概莫能外。有人热衷赚钱以购买奢华物品，有人热衷收益以建造富丽堂皇的居住环境。假如有人有足够的财力和能力，或者干脆说我们自己具备无穷无尽的财富，能够给自己建造数十个形态各异的厨房，数百个千差万别的办公房间；再假设我们具备无穷无尽的精力能量，并且可以分身有术，我们在这些房间摆上任何想要的、有趣的、精彩纷呈的物件，比如在房间里放上飞禽走兽、鱼鳖虾蟹、琴棋书画、稻麦粟麻，然后在其中纵情演绎各种生活趣事，比如邀友聚会、吹拉弹唱、挥毫泼墨、冲杀拼斗，是不是就是打造了一个新的时空？

当然这是一个假想的时空，但是回头我们能够清晰地回忆出虚拟空间的情境，尤其是典型的事物。如果我们有意识地把这些事物换成我们想要记忆的信息，就会使记忆变得更容易。

而如果我们按照一定的规律把建造的空间建筑物排列起来，甚至编上序号，使自己能够轻松地回忆起来这些建筑物及建筑里物件的位置顺序，我们就在脑海里建筑起了一座宫殿。就像宫殿可以走入不同的人，需要记忆的不同信息就像不同的人，如果宫殿足够大，而宫殿里的人都站在规定的位置上，那么整个宫殿的人就能够清晰、轻松地被叫出来。

打造记忆宫殿的要求之一：宫殿的虚和实

这是一种基于想象的宫殿，就像众多的网络游戏营造的虚幻场景一样，它没有固定的要求，完全可以由创造者恣意发挥，可以从现实世界直接借用，比如工作的办公室、学习的学校、生活的家庭环境等，也可以是虚拟的魔幻世界或者仙境。但是由于我们要利用宫殿的空间以及陈设进行高效记忆，宫殿最好是虚实相配合再造的空间。这样做的好处也非常明显：一、现实世界的建筑在人脑里有清晰和具体的图像，并且这些图像大多给人印象深刻，便于日后回忆利用，而纯虚构的建筑物在脑海中印象模糊，而且很多细节事物不够清晰；二、在现实建筑的基础上进行想象加工，更容易产生一生二、二生三的数量建筑。

打造记忆宫殿的要求之二：宫殿的空间及陈设

记忆宫殿打造是为后续记忆做基础，如果需要依照打造好的宫殿记忆比较多的信息，记忆宫殿需要有很大数量。另外记忆宫殿中绝非是一个房间只放置记忆一个信息，合理的方式是一个房间要容纳几个或者数十个为好。一个房间放置记忆一个信息不是不可以，是对记忆宫殿的浪费，而且当面对很多信息的时候，会面临宫殿房间不够用的尴尬。

当然一个房间也不宜堆垒过多的信息，信息过多会出现杂陈没有秩序的现象，由于凌乱而导致不好回忆。而且由于信息量过大，难免会造成信息之间相似甚至雷同的情况增加，导致回忆的时候不好辨别。

在利用宫殿进行信息记忆的时候，一般有两种方式：一个是将信息放在一定的空间位置，比如西南角、东北角等，但是如果一个空荡的房间仅仅是按方位去放置信息毕竟数量还是有限；另一个高效的方法是，在房间里事先摆放上物品，比如桌椅板凳、笔墨纸砚、琴棋书画等，物品布置以容易记忆为主要标准，物品最好有鲜明的特点，每个房间陈设不同、各有特色，然后把记忆的信息放置在这些物品上，待记忆完成后，借由这些物品回忆所放置的信息。因为物品可以放置很多，而且各不相同，空间位置井然有序，回忆起来自然轻松。

打造记忆宫殿的要求之三：宫殿的空间及陈设的顺序

记忆信息最大的两个死敌，一个是信息量多且无序，一个是信息之间相似性强。信息多自然超出人脑短时间信息处理的极限，高效记忆便无从谈起，而信息之间相似度高，在提取回忆信息的时候不好辨识。

利用宫殿进行记忆，一般是信息量比较多的时候，在这种情况下进行记忆，就要用到脑海里事先建造的很多房间，而如果这些房间是无序的，在使用的时候难免出现混乱，回忆时也会混乱。但是如果在建造宫殿之初，就对宫殿的各个房间进行顺序摆设，甚至标上号码，在每一个房间内，也对各个方位、各个陈设物品进行排序，或者按照顺时针方向排列，或者逆时针方向排列，或者遵循阿拉伯数字的顺序等，这样在进行宫殿记忆的时候就不会出现混乱。

第三节 超级记忆术在用的更多设位法

位即是现代记忆术通常所说的“桩”，而定桩法，就是把要记忆的信息和已经固定的图像进行联结，形成记忆的链条，在进行回忆的时候，由固定的图像信息联想到记忆的新信息。其中联结是指抽象意义上的关联联想，运用夸张、荒诞、幽默、搞笑甚至恶心、恐怖等想象，像编故事一样，打破正常的逻辑，将两个图像事物联系到一起的方法。根据固定图像的不同，可以分为数字定桩法、地点定桩法、身体定桩法、人物定桩法、字母定桩法、语句定桩法等。

身体桩和人物桩

12 个身体桩：

头发、眼睛、鼻子、嘴巴、耳朵、脖子、肩膀、手掌、肚子、屁股、膝盖、脚掌

8 个人物桩（西游记人物）：

如来佛、观音、太上老君、唐僧、孙悟空、猪八戒、沙僧、白龙马

例一：记忆 20 个词语

头发——老鼠（头发上有一窝老鼠）

眼睛——飞机（眼睛发射激光击落飞机）

鼻子——卫生纸（鼻子里塞卫生纸）

嘴巴——蛋糕（嘴巴抹蛋糕）

耳朵——西瓜（耳朵上挂西瓜样耳环）

脖子——剪刀（脖子上插着剪刀）

肩膀——铅笔（肩膀上扛着巨大的铅笔）

手掌——牛粪（手掌摸到牛粪）

肚子——跳蚤（肚子里长满跳蚤）

屁股——炸弹（屁股坐在炸弹上）

膝盖——火炉（膝盖夹着火炉）

脚掌——香蕉（脚掌踩在香蕉上）

如来佛——马桶（如来佛在使用马桶）

观音——珍珠（观音脖子上挂满了珍珠）

太上老君——剃须刀（太上老君用剃须刀刮胡子）

唐僧——钱（唐僧四处化缘筹钱）

孙悟空——天花板（孙悟空撞到天花板上）

猪八戒——望远镜（猪八戒用望远镜偷窥嫦娥）

沙僧——石头（沙僧挑的担子里全是石头）

白龙马——小汽车（白龙马和小汽车赛跑）

例二：记忆诗词文章

文章原文：

大江东去，浪淘尽，千古风流人物。

故垒西边，人道是，三国周郎赤壁。

乱石穿空，惊涛拍岸，卷起千堆雪。

江山如画，一时多少豪杰。

遥想公瑾当年，小乔初嫁了，雄姿英发。

羽扇纶巾，谈笑间，樯橹灰飞烟灭。

故国神游，多情应笑我，早生华发。

人生如梦，一尊还酹江月。

对应图像记忆：

《念奴娇·赤壁怀古》宋·苏轼

头发——大江东去（头发被江水往东方冲走）

眼睛——浪淘尽，千古风流人物（摘出眼珠子，在水里淘洗，手碰到江底千年以前的风流人物）

鼻子——故垒西边（鼻子由故砖堆垒而成）

嘴巴——人道是，三国周郎赤壁（嘴巴不停道出的是三国时期周郎）

耳朵——乱石穿空（往耳朵上丢石头，把耳朵穿空）

脖子——惊涛拍岸（惊涛拍在脖子上，像拍黄光样）

肩膀——卷起千堆雪（肩膀上头皮屑成堆，风起时，像卷起千堆雪）

手掌——江山如画（用手掌画江山类山水画）

肚子——一时多少豪杰（肚子一小时能生出很多豪杰）

屁股——遥想公瑾当年（遥想公瑾——周瑜当年光屁股的情景）

膝盖——小乔初嫁了（小乔嫁人的时候，跪膝盖拜堂成亲的情景）

脚掌——雄姿英发（脚掌长了很多毛发，像狗熊的熊掌）

如来佛——羽扇纶巾（如来佛手拿羽扇，头戴纶巾）

观音——谈笑间（观音喜欢大声谈笑）

太上老君——樯橹灰飞烟灭（太上老君炼丹炉爆炸，灰飞烟灭）

唐僧——故国神游（唐僧西游取经）

孙悟空——多情应笑我，早生华发（孙悟空多情自嘲，头上长出白发）

猪八戒——人生如梦（猪八戒娶了个媳妇叫如梦）

沙僧——一尊还酹江月（沙僧把一杯酒倒进江里的月影上）

字母桩

每个人都可以按自己的习惯对 26 个字母进行编码，我们这里给出一套较为常用的字母编码作为参考：

a —— apple —— 苹果

b —— bee —— 蜜蜂

c —— cat —— 猫

d —— dog —— 狗

e —— elephant —— 大象

f —— fish —— 鱼

g —— gun —— 枪

h —— horse —— 马

i —— ice —— 冰块

j —— jeep —— 吉普车

k —— killer —— 杀手

l —— lion —— 狮子

m —— monkey —— 猴子

n —— nurse —— 护士

o —— orange —— 橙子

p —— pig —— 猪

q —— queen —— 女王

r —— rabbit —— 兔子

s —— snake —— 蛇

t —— tiger —— 老虎

u —— umbrella —— 雨伞

v —— Venus —— 维纳斯

w —— watch —— 手表

x —— x-ray —— x 射线

y —— young —— 年轻人

z —— zebra —— 斑马

大写字母：

A——铁塔　B——花生

C——月亮　D——弓箭

E——梳子　F——牙刷

G——挂钩　H——梯子

I——棍子　J——钉子

K——机枪　L——锄头

M——山峰　N——滑梯

O——鸡蛋　P——红旗

Q——气球　R——钳子

S——蛇　T——锤子

U——杯子　V——金牌

W——钉耙　X——剪刀

Y——叉子　Z——鸭子

小写字母：

a——帽子　b——哨子

c——月亮　d——提琴

e——眼睛　f——拐杖

g——眼镜　h——椅子

i——蜡烛　j——钉子

k——机枪　l——粉笔

m——麦当劳　n——板凳

o——鸡蛋　p——红旗

q——球拍　r——小草

s——蛇　t——伞

u——杯子　v——金牌

w——钉耙　x——剪刀

y——叉子　z——鸭子

语句桩

例一：记忆王安石变法的主要内容

1）保甲法　2）青苗法　3）农田水利法　4）募役法　5）方田均税法

这里一共有5个记忆要点，应该选取一个由5个字组成的句子来做记忆桩子，对于这个题，我们发现题干要考察的内容是“王安石变法”，这5个字用来做这道题的语句桩就最合适不过，因为这样可以省去主题联想这一环节。

联想方法如下：

王——保甲法：与王安石同朝有一个王爷很可爱，他上朝时总喜欢抱（保）着一只很大的甲鱼。

安——青苗法：王安石不喜欢坐很硬的马鞍，他喜欢在马鞍上垫一些青青的草苗，这样骑马的时候就坐得很舒服了。

石——农田水利法：农田里有很多大石头，那些灌溉的水不能很顺利地流出来。

变——募役法：农民们把收集来的牛粪便（变）放在木椅（募役）上，在太阳底下晒干。

法——方田均税法：农民们喜欢把自己的头发剪下来，做成一张龙床，然后放（方）到田里，像个君（均）主一样睡（税）大觉。

例二：简述广东移动公司在中国移动通信发展史上创下的六个最早。

答：

（1）最早开通蜂窝式移动电话；

（2）最早在境外上市；

（3）最早实施品牌经营（中国移动三大品牌首创于广东）；

（4）最早实现独立运营；

（5）运营收入最早超过当地电信公司；

（6）最早实现收入 1 天超过 1 个亿。

联想方法如下：

广——光线——蜂窝：一束光照到像蜂窝一样的手机上，很多蜜蜂飞了出来。

东——冬瓜——市场：到国外的市场上去买很多大冬瓜。

移——蚂蚁——品牌：有一只奇怪的蚂蚁，它的胸前挂着三个牌子。

动——运动员——独立运营：这个运动员经常独自一个人去进行运动。

公——公鸡——电信：一只公鸡在打电信公司的固定电话。

司——司机——收入：这个司机收入很丰厚，1 天有 1 个亿。

第五章

图像是超级记忆的核心理念

第一节 《记忆宫殿》立象篇第四

原文

盖闻中国文字，祖于六书。古之六书，以象形为首，其次指事，次会意，次谐声，次假借，终以转注，皆以补象形之不足，然后，事物之理备焉。但今文字，由大篆而小篆，小篆而隶，隶而楷，且杂以俗书，去古愈远，原形递变，视昔日自然之文，反以为怪。而时俗所尚，在古所谓谬讹无取者，咸安用无疑。故兹法取象，一以时尚习见之字为本，特略及古书耳。凡字实有其形者，则象以实有之物。但字之实有其物者甚少，无实物者，可借象，可作象，亦以虚象记实字，盖用象用助记，使易而不忘。然正象与借象、作象，在我活法以通之，如日、月、星斗、山川、岗阜、花果、草木、禽兽、昆虫、宫室、器用、衣服、饮食等字，均系实有形体之物，即其物之象而记之，是系本象，犹所谓象形者也。如“本”“末”二字，皆以大木一枝直立，有一人缘其根而座，则为“本”之象，缘其颠而居，则为“末”之象，是系作象，犹所谓指事者也。如“明”字，以日月并曜；如“众”字，以三人同居；如“闻”字，以大耳正悬门中；如“见”字，以双目竖生额上，炯彪四望；如“拜”字，两手齐下着地，恭敬作礼，亦系作象，犹所谓会意者也。如“苟”字以狗，“描”字以猫，“晏”字以鷃，“醇”字以鹑，取其同音，以记实象，是系借象，犹所谓假借、谐声之义也。如“吏”字，以一巾衫人怀挟文卷；如“兵”字，以一甲胄人起舞军械；斯盖用事而会意，因意而成字，犹六书之所谓转注尔已。又如“焉”字，“犹”字，皆鸟兽之名，今人多不识其形状。若记“焉”，以一马正面向外而立；记“犹”，以虏酋牵犬，其余形体之物未曾见者，诸如是推之。

夫文字浩繁，动以万计，既难悉陈，又不可无述，乃略具假如，少达其义。如两物俱有，则象以实；或有事无物，则因实记虚；或体用相因，或源流相求，或假人而为用，或取错综而起义，或取譬况以成奇，大都活象为妙，故用人居多。如记圭璧冕旒以王侯，记高车仪从以卿相，记金鼓旗帜以将帅，记峨冠绣服以仕宦，记巾履青衿以生儒，记甲胄、干戈、弓矢、白刃以士卒，以珠冠、金凤、翠钿、霞帔以命妇，记谷以仓，记酒以樽，记金以囊，记钱以扑满，记衣服以箱箧，记羞馔以俎豆，是皆实之实者也。记农以耜、以耒，记渔以竿、以纶，记匠以斧、以锯，记陶以范、以模，记书生以笔墨，记佣工以畚锸，记疱丁以刀案，记机杼、剪尺、缄线以妇人，此以艺业与其器具互相成实者也。记德则以有德之人，记富则以聚财之人，记天文则以精习玄象之人，记善则以乐善好施之人，记醉则以耽酒之人，记走则以徒步之人，此借人之实而记事之虚也。记视以目，记听以耳，记嗅以鼻，记啖以口，记言语以舌，记喜怒以颜，记燃以炬，记焚以薪，记登陟以阶梯，记游泳以舟楫，记驰骋以骐骥，记盘桓以林壑，记燕乐以壶觞、箫鼓，记威武以棨戟、营垒，记舂以臼，记捣以砧，记吹以笙簧，记弹以琴阮，记汲以瓶索，记转以辘轳，记采以筐篮，记烹以釜锜，记击以缶筑，以拍以串板，记治以君，记化以民，记忠以臣，记孝以子，记敬以弟，记信以友，记别以夫妇，记贞烈以妇女，此因体而识用者也。记目以采色，记耳以管弦，记鼻以珍香，记口以甘脆，记手以扇，记足以舄，记灯烛以光明，记几席以凭座，记君以临轩宣政，记臣以朝谒奏对，记父以立庭训子，记子以恭愉侍养，记夫以其妻举案而敬事，记妻以其夫亲迎而至门，记兄弟以其友爱怡怡，承欢堂上，记朋友以图书笔砚相与讨论，记儿童以播鼗竹马，记仆婢以井灶箒箕，此因用而识体者也。记雪雨以云，记江湖河泽以泉，云泉其源也。记动以风，风其本也。记果核笋干以茂林修竹，记谷种以嘉禾，林竹、嘉禾者也。记官名，如尚书、侍郎、都御史、都督、布政司、按察使、留守、都指挥，则以所知某人曾登是职；记地名，如府、州、县、驿，则以所知某人，曾任知府、知州、知县、驿丞；记姓氏，则以习知之人，而人之姓名字号，皆可取其一字或二字，记之为象，此而借用者也。记父以子，记子以父，记伯叔以从子，记从子以伯叔，记祖以孙，记孙以祖，记兄以弟，记弟以兄，记夫以妇，记妇以夫，记师长以弟子，记弟子以师长，记主人以仆隶，记仆隶以主人，记男子以女人，记女人以男子。如求其异，则记长以短，记大以小，记纤以巨，记寡以多，记妍以媸，记恶以善，记素以采，记文以朴，此取错综对待以用之也。记圣人以麟凤，记君以龙，记宰相以鼎鼐，记执法以鹰，记卿寺以棘，记将士以虎豹熊罴，记士大夫以鹓鹭，记父以椿，记母以萱，记父子以鹤、以乔梓，记兄弟以鸿雁、以棠棣，记夫妇以鸳鸯、以连理枝，记朋友以黄鸟，记贤人君子以美玉，以兰蕙、菡萏，记进士以杏林，记举人以丹桂，记隐逸以鹿、以菊，记医以橘井、以杏林，记武夫以雉，记山野之人以小草，记妇女以奇葩艳卉，此则取世之譬况而用之者也。至若因实具之物兼形质以成象，或迭本象以成象，或合数象以成象，或参象意而成象，复有难于作象，乃因有形之物，稍损益之以成其象，则知天下无不可象之之字，亦在乎善权巧变也与！有如毛衣为表，皮箕为簸，木臼为桕，木禽为檎，王册为珊，玉豕为琢，土鬼为塊，犬骨为猾。衣、箕、臼、禽、册、豕、鬼、犬，形也；毛、皮、木、土、玉、骨，质也。又老女为姥，少女为妙，金童为鐘，长弓为张，巨矢为矩，斗米为料，色丝为绝，舟方为舫，文木为杈，大目为具，扁人为偏，七刀为切，九首为馗。老、少、金、长、巨、斗、色、方、文、大、扁、七、九，形也；女、童、弓、矢、米、丝、舟、木、目、人、刀、首，质也。是皆以一物兼形质而成象者也。有如两木为林，重山为出，并月为朋，叠火为炎，三心为惢，三木为森，三口为品，三耳为聶，三日为晶，三贝为赑，三牛为犇，三羊为羴，三犬为猋，三女为姦，斯则以重叠本象而成象者也。有如人犬为伏，人牛为件，鱼羊为鲜，鱼禾为稣，金帛为锦，木帛为棉，刀圭为刲，刀贝为则，耳舌为聒，矢豆为短，瓜角为觚，犬马为驮，口耳丝为缉，竹门日为简，斯则合数象而成一象者也。及记休以人倚木立，记楙以矛竖林中，记辇以二夫挽车，记惷以杵臼舂心，记褭以骏马披衣，记轢以露车载果，记垄以龙蟠土阜，记翔以羊生羽翼，记枭以鸟栖古木，记蠱以虫承巨皿，记雷以方田受雨，记器以犬张四口，记妒以女当户旁，记竄以鼠窥垣穴，记麄以鹿分两段，记羹以羔炙于鬲，记渥以屋临水，记鸂以鸟饮溪边，记鸣以鸟舒其喙，记告以牛哆其口，记解以牛角挂刀，记闯以马立门中，记矮以女戴禾而执矢，记萌以日月参草而同光，斯又参象以意而成象者也。所谓难作象者，如记“每”字则母头戴帽，“灾”字则以火上张盖，“午”字牛断其头，“干 ”字羊截其角，“鼋”字龟缩其首，“方”字房撤其户，“什”字老人手携藜杖，“亚”字恶人割去其心，斯又以形与意损益本体而成象者也。

更有一法，乃以两象合为一体，取其前半为音，后半为韵，以翻切字法，区而识之。如人首兽身，或虫首禽身，或人与禽兽昆虫，凡一切动植有形物类，交互其体，而各半之。前段之象出切，后段之象行韵。依法翻切成字，记其象则忆其切，忆其切则忆其字矣。其记愈为简便，其理愈为精妙。是以人首羊身，取人羊切攘；铁钉钉鸡，取钉鸡切低；狗身马头，取马狗切亩，鱼首人身，取鱼人切闾；鹅头龟体，取鹅龟切巍；人额上猴，取额猴切沤；饰锦于笔，取笔锦切禀；貂后狐前，取貂狐切殺；玉质斧形，取玉斧切禹；蒲中居鳖，取蒲鳖切炮；猪困于筌，取猪筌切旃；狮而象牙，取狮牙切撒；烹羔于鼎，取羔鼎切影；野人杀麝，杀麝切实；豹张两翼，豹翼切必；獐生长尾，则獐尾切旨。其妙难以形容，此则取两象之音韵合为一字之翻切，其法固不可胜用，第音韵多同，虽切得其声，未审其字，则于上下文义融会贯通以求之，庶无差讹之患。又有不可不知者，凡预料诸象，概以人之活象为上，其余物之死象为次，故字字必求死活二象，咸备目中，以应其用。如记裘，先以所知姓裘之人为活，继以毛裘为死；记算，先以所知善算历法之人为活，继以算盘为死；记凤，先以所知之人名凤者为活，继以丹凤独立为死；记剑，先以所知之人好舞剑者为活，继以宝剑出匣为死。如记数目，则以先知行一之人，行二以至行九行十者当之，又以某百户为百，某千户为千，某万户为万。万户即今指挥，或以所知姓万之人，皆活象之例也。记一以横栓、签担、铁棍、长戈。记二以挠钩、钢叉、象牙、牛角、兔耳。记三以三眼神枪、鼎足、心星。记四以农家四股获叉，或棋枰四角方棱。记五以掌开五指，或五峰笔架。记六以棱觚六角，或六合圆帽。记七以瑶琴七弦。记八以鹿角八叉。记九以斑箫九节，筝鸣九弦。记十以十字木架，或两掌并张。此为死记之例也。惟数字连记者最为要法，又另详后篇。

译文

听说中国的文字都始于六书。古代的六书以象形为首，其次是指事，再次是会意，然后是谐声，再然后是假借，最后是转注，后面这五个是补充象形的不足，然后，就可以用这几种文字来系统地表达事物了。但是如今的文字，已经经过了由大篆到小篆，小篆又到隶书，隶书再到楷书，并且还有其他杂书的变化，时间越长，形状变得越厉害，现在再回过头来看古代的文字，反而觉得很奇怪了。同样，受世俗的影响，在古时候认为是谬误的，现在反而都在安心地使用。所以这种记忆术的取象，也以世俗所常见的字为主，偶尔会提到古时候的字体。

凡是有实际形象的文字，那么毫无疑问就可以用这个物体作为这个

字的形象。但是所有的文字当中，真正代表真实物体的很少，对于那些没有实物的文字，就可以借象，也可以作象，还可以用虚设的象表示实际的文字，用这种方法记忆，既可以在记忆的时候非常容易，又不会忘记。而正象与借象、作象，在于自己活学活用，例如日、月、星斗、山川、岗阜、花果、草木、禽兽、昆虫、宫室、器用、衣服、饮食等字，都是有实际形象的，就是说用物体的形象去记忆它们就可以了，这都是本象，这种记忆方法就相当于汉字的象形。例如“本”和“末”这两个字，都是一根直立的木头，有一个人坐在根部，就是“本”的形象；颠倒过来，坐在顶端，就是“末”的形象，这都是作象，这种记忆方法就相当于汉字的指事。例如“明”字，意为日月同耀；“众（眾）”字意为三人同居；“闻”字就好像一个大耳朵悬挂在门中；“见（見）”字意为双目竖长在额头上，炯炯有神地张望四方；“拜”字就是两手着地，像是在恭敬施礼，这些也是作象，这种记忆方法就相当于汉字的会意。而例如用狗的形象来记忆“苟”字，用猫的形象来记忆“描”字，用鷃的形象来记忆“晏”字，用鹌鹑的形象来记忆“醇”字，都是用同音字来帮助记忆文字，这种记忆方法就和汉字的假借、谐声差不多。例如“吏”字可以记作一个身穿长衫的人怀揣着文卷；“兵”字可以记作一个身着盔甲的士兵在挥舞兵器，这都是把他们所做的事情做了发挥，然后通过这些发挥加强对于这个文字的记忆，这种记忆方法就相当于六书里面的转注。又例如“焉”“犹(猶)”等字，都是鸟兽的名字，现在很多人都不认识了。比如记“焉”字，就好像一匹马正面向外立着；记“犹（猶）”字，就好像酋长牵着一条狗一样。除了以上的例子之外，其他的不代表具体实物形象的文字，在记忆的时候也能够以此类推。

中国的文字浩繁，数以万计，很难一个一个数出来，但是又不能不说，只好简单举几个例子，略微说明一下。如果事和物都有，则形象就用实物表示；如果有事无物，则通过实物而记住虚象。实物和虚象之间往往有一定的关系，或者是在用途上面，或者是在源流的承接方面，或者是可以被人所使用，或可在错综复杂当中提取它的含义，或可用一个巧妙的比喻让它看上去很奇特，总之让这个形象变得生动起来才好，所以在大多数情况下都要把它和人联系起来。例如记圭璧冕旒就联想王侯，记高车仪从就联想卿相，记金鼓旗帜就联想将帅，记峨冠绣服就联想官员，记巾履青衿就联想学生，记甲胄、干戈、弓矢、白刃就联想士兵，记珠冠、金凤、翠钿、霞帔就联想受封的妇人，记谷则联想粮仓，记酒则联想酒樽，记金则联想锦囊，记钱则联想储钱罐，记衣服则联想装衣服的箱子，记羞馔则联想案板和豆子，这些都是实物联想实物。记农就联想耜和耒，记渔就联想钓鱼竿和钓鱼线，记匠就联想斧子和锯，记陶就联想模子，记书生就联想笔墨，记佣工就联想畚锸，记疱丁就联想刀案，记机杼、剪尺、缄线就联想妇人，这都是行业和所用到的器具互相联系，以成实际形象的。记德就联想有德行的人，记富则联想聚财的人，记天文则联想精习玄象的人，记善良则联想乐善好施的人，记醉则联想酗酒的人，记走则联想徒步的人，这都是通过实体的人来记虚拟的事情。记视则联想眼睛，记听则联想耳朵，记嗅则联想鼻子，记啖则联想口，记言语则联想舌头，记喜怒则联想脸，记燃则联想火炬，记焚则联想柴火，记登陟则联想阶梯，记游泳则联想舟楫，记驰骋则联想骏马，记盘桓则联想林壑，记燕乐则联想酒壶酒杯、笙管笛箫，记威武则联想武器、营垒，记舂则联想臼，记捣则联想砧，记吹则联想笙篁，记弹则联想琴阮，记汲则联想瓶子和绳索，记转则联想辘轳，记采则联想筐和笼子，记烹则联想锅，记击则联想缶筑，记拍则联想串板，记治则联想君王，记化则联想平民，记忠则联想臣子，记孝则联想子孙，记敬则联想兄弟，记信则联想朋友，记别则联想夫妇，记贞烈则联想妇女，这都是因实体而记忆它们的用途。记目则联想彩色，记耳则联想管弦，记鼻则联想芳香，记口则联想甘脆，记手则联想扇子，记足则联想鞋子，记灯烛则联想光明，记几席则联想座位，记君则联想处理朝政，记臣则联想在朝堂上奏对，记父则联想在院子中教训儿子，记子则联想孝顺侍养，记夫则联想举案齐眉的妻子，记妻则联想丈夫到大门口迎接的场景，记兄弟则联想父母面前的友爱，记朋友则联想舞文弄墨互相讨论，记儿童则联想拨浪鼓、骑竹马，记仆婢则联想笤帚、簸箕、灶台等，这都是通过它们的用途而记忆实体。记雪雨则联想云，云是雨雪的来源；记江湖河泽则联想泉，泉是河流的源头。记动则联想风，风是它的根本。记果核笋干则联想茂林修竹，记谷种则联想喜人的禾苗，林竹和禾苗是一个道理。记官名，如尚书、侍郎、都御史、都督、布政司、按察使、留守、都指挥，则联想所知某人曾做过什么官；记地名，如府、州、县、驿，则联想所知的某人曾任知府、知州、知县、驿丞；记姓氏，则联想认识的人，而人的姓名字号，皆可取一字或二字记为形象，这都是借用。记父则联想子，记子则联想父，记伯叔则联想侄子，记侄子则联想伯叔，记祖则联想孙，记孙则联想祖，记兄则联想弟，记弟则联想兄，记夫则联想妇，记妇则联想夫，记师长则联想弟子，记弟子则联想师长，记主人则联想仆人，记仆人则联想主人，记男子则联想女人，记女人则联想男子。再例如找它的对立面，记长就联想短，记大就联想小，记细小则联想巨大，记少则联想多，记美丽则联想丑陋，记恶则联想善良，记素则联想彩色，记花纹则联想不加修饰的朴质，这些都是用相反的角度来记忆。记圣人则联想麒麟和凤凰，记君王则联想龙，记宰相则联想鼎鼐，记执法则联想鹰，记卿寺这样的官职则联想棘，记将士则联想虎豹熊罴等猛兽，记士大夫则联想鹓鹭，记父则联想椿树，记母则联想萱草，记父子则联想鹤和乔梓（乔高梓低），记兄弟则联想鸿雁和棠棣，记夫妇则联想鸳鸯和连理枝，记朋友则联想黄鸟，记贤人君子则联想美玉和兰蕙、菡萏，记进士则联想杏林，记举人则联想丹桂，记隐逸之士则联想鹿和菊，记医则联想橘井和杏林，记武夫则联想雉鸡，记山野之人则联想小草，记妇女则联想奇异的花卉，这都是用世间的比喻象征来记忆的。

另外，还有通过形状和材质来成象，叠加本象以成象，集合好几个象以成象，根据象的意思而成象等方法，还有些字比较难作象，因为这要把有形体的东西增删修改才可以成象。天下没有不能成象的文字，就看你善不善于变化了。例如毛和衣则为袠（表），皮箕为簸，木臼为桕，木禽为檎，王册为珊，玉豖为琢，土鬼为瑰（块），犬骨为猾。衣、箕、臼、禽、册、豖、鬼、犬，这都是形状；毛、皮、木、土、玉、骨，这都是材质。又比如：老女为姥，少女为妙，金童为鐘（钟），长弓为张，巨矢为矩，斗米为料，色丝为绝，舟方为舫，文木为校，大目为具，扁人为偏，七刀为切，九首为馗。老、少、金、长、巨、斗、色、方、文、大、扁、七、九，这都是外形；女、童、弓、矢、米、丝、舟、木、目、人、刀、首，这都是本质。这是把一个东西的形和质结合起来而成象的。

诸如两木为林，重山为出，两个月并到一起为朋，火叠起来为炎，三心为惢，三木为森，三口为品，三耳为聶（聂），三日为晶，三贝为赑，三牛为犇（奔），三羊为羴（膻），三犬为猋，三女为姦（奸），这都是靠重叠本象而成象的。诸如人犬为伏，人牛为件，鱼羊为鲜，鱼禾为稣，金帛为锦，木帛为棉，刀圭为刲，刀贝为则，耳舌为聒，矢豆为短，瓜角为觚，犬马为驮，口耳丝为缉，竹门日为简，这都是把好几个象合成一个象的。而记休则联想人倚着一根木头站立，记楙则联想矛竖立在林中，记辇则联想两个人挽车，记惷则联想杵臼舂心，记褭（袅）则联想骏马披上外衣，记輠则联想车上载着果实，记垄则联想龙盘踞在土堆上，记翔则联想羊生羽翼，记枭则联想鸟栖古木，记蠱（蛊）则联想一个巨大的器皿里盛满了虫子，记雷则联想田野上下了雨，记器则联想一只犬张着四张口，记妒则联想妇女在门户旁，记竄（鼠）则联想老鼠在洞穴窥探，记麄则联想把鹿分称两段，记羹则联想羊羔在锅上烤，记渥则联想屋子挨着水，记鸂则联想鸟在溪边喝水，记鸣则联想鸟在舒展它的喙，记告则联想牛不停地动它的嘴，记解则联想牛角挂刀，记闯则联想马立在门中，记矮则联想女子戴着禾苗并且手里拿着箭矢，记萌则联想日月都在草下面辉映，这都是结合象的意思而成象的。所谓比较难作象的，比如记“每”字则要想象母头戴帽，“灾”字则要想象火上有个盖子，“午”字则想象成牛头断了，“干”字则想象成羊截了角，“黿”字则想象成乌龟把头缩了进去，“方”字则想象成房子把门户拆掉，“什”字则想象成老人手里拿着藜杖，“亚”字则想象成恶人把心割掉了，这就是从形象和含义的角度把本体进行修改才能成象。

还有一个方法，就是把两个象合为一体，取前面一个的声母，取后面一个的韵母，用翻切（类似于拼音法）的方法来区别记忆。比如人首兽身、虫首禽身，或人与禽兽昆虫拼起来的字，只要是一切有形的动植物，只需要互相交换一下形体，各取一半即可。前面的象切出音（声母），后面的象切出韵（韵母）。依法翻切成字，记这个形象就要回忆切的是哪个音，记起那个音自然就能记起那个字了，这种方法记起来很简便，原理也很有意思。比如说，人首羊身，取人的声母和羊的韵母，切成攘字；同理，铁钉钉鸡，取钉鸡切低；狗身马头，取马狗切亩，鱼首人身，取鱼人切訚；鹅头龟体，取鹅龟切巍；人额上猴，取额猴切沤；饰锦于笔，取笔锦切禀；貂后狐前，取貂狐切毂；玉质斧形，取玉斧切禹；蒲中居鳌，取蒲鳌切炮；猪困于筌，取猪筌切旃；狮而象牙，取狮牙切撒；烹羔于鼎，取羔鼎切影；野人杀麝，杀麝切实；豹张两翼，豹翼切必；獐生长尾，则獐尾切旨。这其中的妙处难以形容，这就是取两象的音韵合为一字的翻切法。这个方法可以广泛使用，不过音韵相同的字很多，虽然切的是这个音，但是并不认识这个字，这就需要通过上下文的意思推测，就没有差错的顾虑了。有一点需要说明的是，这种方法，首先要考虑人的活象，其次再考虑物体的死象，所以每个字都要准备死活两个象，储备起来，以便后用。比如记裘字，先要联想到姓裘的人，这是活象，然后再联想到毛裘，这是死象；记算字，先以所认识的会算历法的人为活象，再想到算盘为死象；记凤字，先以所知道的名字当中带“凤”字的人为活象，再以丹凤独立为死象；记剑字，先以所知道的喜欢舞剑的人为活象，再以宝剑出匣为死象。如果是记数目字，则要先联想到排行老大的人，然后依次是排行老二到九和十的人，又联想某百户（官职，百夫长）为百，某千户（官职，千夫长）为千，某万户（官职，万夫长）为万。通过官衔来记忆，或是联想到姓万的人，这都是活象的例子。记一就联想到横栓、扁担、铁棍、长戈。记二就联想挠钩、钢叉、象牙、牛角、兔耳。记三就联想三眼神枪、鼎足、心星。记四就联想农家四股叉或棋枰的四角方棱。记五就联想掌开五指或五峰笔架。记六就联想棱觚六角或六合圆帽。记七就联想瑶琴有七弦。记八就联想鹿角八叉。记九就联想斑箫九节或是筝有九弦。记十就联想十字木架或两掌都张开。这都是死记的例子，数字连记才是最重要的，这在后面的篇章还要详细讲解。

第二节　图像是最高效的信息获取方式

现代解剖学和自然科学理论认为，人体获取外界信息有五种方式：

第一种是以眼睛为主导的视觉方式。

视觉信息获取占人体获取信息总和的 80% 左右。这是人体最重要的信息获取渠道。现代社会大多数的活动及信息都是以视觉的形式展现。

第二种是以耳朵为主导的听觉方式。

听觉信息获取占人体获取信息总和的 15% 左右。这是人体仅次于视觉的重要信息获取渠道。听觉信息很多时候和视觉信息综合处理加工成为更丰富的人脑信息获取形式，所以在日常生活中我们不难理解，有图像又有声音的信息，人们接受起来更轻松也更容易。

第三种是以皮肤为主导的触觉方式。

人们在日常生活中可以通过皮肤感知痛感、冷暖感以及物体接触的空间运动感。触觉也会和视觉、听觉等其他感官一起完成人体对于外界信息的感知。

第四种是以鼻子为主导的嗅觉方式。

鼻子的信息感知方式最大限度地弥补了视觉、听觉、触觉的短处。因为只有在一定距离内，人们才能通过视觉感知外界；只有在一定声波频率范围内，才能感知听觉信息；只有和皮肤近距离接触才能有触觉感知，但是在一定距离外，嗅觉可以通过空气中的能量传播，比如气味感知信息。

第五种是以嘴巴为主导的味觉方式。

味觉是动物进化的新生功能，主要是动物在获取食物的时候，能更好地辨别食物的特征，比如人通过味觉感知食物的酸甜苦咸，进而改进食物的摄取方式和选取适合身体需求的食物。触觉、嗅觉、味觉三种方式占据人体获取信息比例的 5% 左右。

视觉图像信息是人体获取外界信息的主导方式，其他四种感官的信息获取更多时候结合视觉而强化，高效记忆最主要的立足点在于充分调动视觉获取信息的方式。**我们要重点提升人体对于图像的感知，把图像作为提高记忆的重要环节，这是基于记忆的原理。**

依据现代记忆术的发展，在获取图像信息的时候，需要重点关注图像的典型特征，比如图像的色彩、图像的纹理、图像的亮度、图像的大小、图像的形状、图像的动态等。

第三节　图像记忆比机械记忆快速有效

右脑图像记忆可以打破传统机械记忆的困境，做到短时间内大量记忆，不需要多次重复。它高效记忆的根本原因在于右脑是人和哺乳动物在进化过程中保留的祖先脑，而图像记忆是所有智能生命和环境相依而存在的重要能力。

图像记忆也是人脑天生的技能，在大量的实践教学过程中，我们发现小孩子学习图像记忆比成人更快，这里除了认真投入外，其中一个重要因素，是人在出生后为了适应社会生活的需要，越来越惯常于使用左脑的逻辑思维能力，比如数学、物理、化学的逻辑推理关系，比如无处不在的付出与收获的生活哲理逻辑等，于是，生活在严密逻辑思维世界的人们，逐渐丢弃和放弃使用与生俱来的图像记忆能力。

但是图像记忆的潜能发挥在人们生活中是无处不在的，比如看电影，人们在接触图像的时候一般只需看一两遍，在回忆时，那些情节就会清晰得历历在目、如在眼前。

在曾经风靡全球的电影《泰坦尼克号》上映之后，很多人仅看了一遍，在很多年以后还能轻松回忆复述整个情节，而口头复述是检验记忆牢固度最高的形式。另外一项有趣的调查显示，几乎所有人对于自己初恋的情景和第一次结婚的婚礼，一辈子刻骨铭心。从这个角度可知，人人都有过目不忘的能力，只不过大多数人没有意识到自己的潜能，或者说没有全面系统地来使用图像记忆技巧，让它为我们学习、工作、生活的方方面面服务。

关于图像记忆和直接机械记忆的简单直观的对比，我们可以通过练习记忆 16 个词语来对照体验。

传统记忆试验：

准备工作：准备一个秒表，或者手表、有计时功能的手机，以统计自己花费的时间。

做好准备后，请用传统方法，以最快的速度按已有顺序记下 16 个词语，然后核算出记忆所用时间，最后找出纸笔默写出词语。

冰箱、风扇、手表、玫瑰花、卫生纸、电池、电话、花生

西瓜、翡翠、汽车、假山、手电筒、电影院、老虎、熊猫

图像记忆试验：

自行车、奖杯、火炬、帆船、大象、长颈鹿、乌龟、钢琴

螃蟹、电吹风、树叶、蝴蝶、恐龙、溜冰鞋、沙发、鳄鱼

第一步：把下面的图案和相应的词语对应起来，并做到想起词语脑海浮现图像，脑海浮现图像能想起词语。

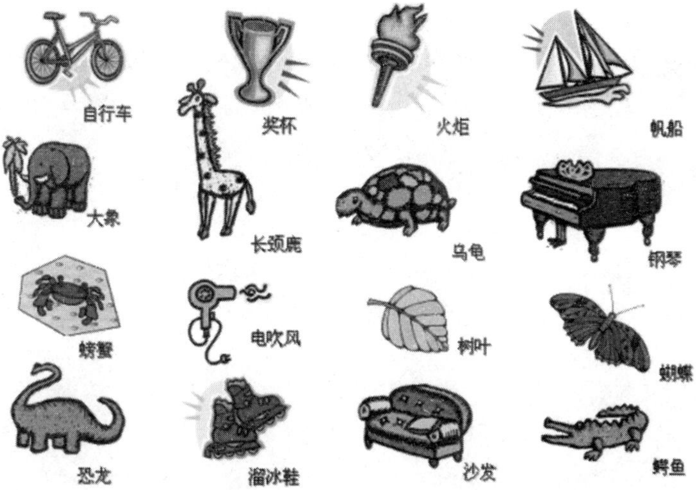

第二步：把图像两两联结。利用夸张、幽默、搞笑甚至恶心、恐怖的故事想象，把两者联系起来。

比如：

可以想象参加自行车拉力赛获得奖杯。

可以想象奖杯里有酒燃烧，形成一个巨大的火炬。

可以想象火炬烧着了帆船。

可以想象帆船装载大象。

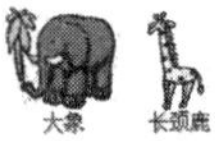

可以想象大象用长鼻子缠住长颈鹿的长脖子打架。

可以想象长颈鹿的蹄子将乌龟的硬壳踩碎了。

可以想象乌龟用它的爪子弹钢琴。

可以想象钢琴优美的声音引来螃蟹翩翩起舞。

可以想象螃蟹拿着电吹风把身上吹干。

可以想象电吹风吹出飓风把树上的树叶都刮掉了。

可以想象树叶上趴着一只肥嘟嘟的蝴蝶。

可以想象蝴蝶拍着翅膀钻进了恐龙的鼻孔。

可以想象恐龙前腿穿上溜冰鞋溜冰。

可以想象溜冰鞋撞飞了沙发。

可以想象沙发底下卧着一只鳄鱼。

第三步：闭上眼睛回忆一下刚才的联结记忆，看能否将词语按顺序背出。

第四步：可以尝试倒着把 16 个词语背出来。

你会觉得神奇而不可思议，但是可能会有顾虑，词语会不会过于简单，这样神奇而又简单的记忆方式适用于更复杂的信息吗，比如文章？其实细想一下，即使是最抽象复杂的论文也都是由词语构成，可能会涉及抽象词语和符号，不过从信息的角度来看，它们和以上词语有相似之处，了解不同之处和掌握更多记忆技巧，是我们以下章节要学习的内容！

图像记忆的基本原理即为：将复杂、凌乱、无规律以及抽象的信息转化为生动的动态图像，然后就像看电影、看动画片、经历意义非凡的事情那样进行记忆，使记忆数量多、时间短、速度快能够同时实现。记忆过程由枯燥被动转化为鲜活生动，从而达到过目不忘。

第四节　图像的 7 个典型特征

观察图像可以从以下七个方面寻找典型特征：

第一：色彩

事物的色彩会给人最直观的视觉冲击，一个纯黑色的房间，和一个灯光璀璨的房间，会给人两种完全不同的事物感。**优先去辨别和观察图像信息的色彩，会比较容易让图像信息在脑海留下印迹。**

第二：纹理

人们在看到玻璃杯子和看到竹子做成的杯子时会有不同的感觉，这是基于两种杯子材质的不同，其实自然界中正是由于不同材质的物体拥有其特有的纹理结构，才形成了物体的千差万别。不同材质的事物，其图像呈现不同的纹理结构，有些光洁顺滑，有些粗糙刺手。

第三：亮度

亮度是色彩的补充，色彩因为亮度不同可能显现出不同的色彩展现，比如降低绿色的亮度，色彩就变成了深绿，调亮绿色就变成了浅绿。

第四：大小

图像的大小会直接影响到人的视角，人眼更容易捕获适度大小的图像，比如一个参天巨柱和一粒粉尘都让人看起来费劲，而一个茶壶或玻璃杯，让人看起来轻松。

第五：形状

图像的形状是人获取图像信息时除色彩之外对视觉的另一直观冲击。自然界中万事万物都在运动，对于运动中的物体，在不同的角度，人感知到的物体形状是不同的，所以很多时候，对于物体形状的感知人们要依赖其他的感官来辅助，以便更加真实地获取图像的形状信息。

第六：动态

自然界万事万物都是运动着的，没有绝对静止不动的物体，只不过运动的幅度和参考物不同而已，人体视觉图像更多的时候要关注事物的状态，尤其是运动状态。

第七：空间

这里的空间指环境，视觉图像会关注到与图像相关联的其他图像，比如，一个悬浮在空气中的杯子和放在茶几上的同样的杯子给人的图像感是不同的。

第五节　图像的转化方法

一般性词语图像转化方法

A. 对应下面一组词语，想象其具体的图像

柠檬、飞机、大鼓、珊瑚、电脑、小偷

前面五组，在图像转化的过程您可能觉得非常轻松，但是在小偷的图像转化的时候，您很有可能想象的是右侧图中的小偷，而不是上图提供的场景，

您的图像转化没有问题，但是因为有所拘泥，而不够灵活和生动化，为什么小偷就一定是人呢，小老鼠不行吗？是可以的。所以下面乃至整个教程的图像转化练习和图像联结过程中，都希望读者能放开自己的思维，让想象充满更多的夸张、幽默、搞笑……

B. 请将下面一组词语转化为具体的图像

人民、快乐、自由、幸福、生活、逻辑

农民

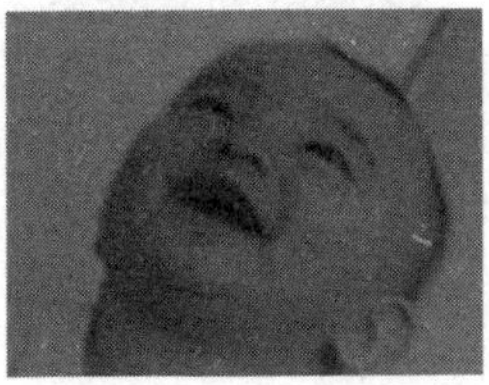

笑

飞翔

拥抱

炒菜做饭

锁链

针对上述词语进行图像转化时，不同的人所想象的图像可能千差万别，之所以出现这样情况，是因为词语是抽象而不具体的，每个人在进行联想的时候融入了自己的生活体会和生活经验。在记忆训练的时候，我们也不要求每个人对于抽象词语的图像转化是一模一样的，允许有一定差别，但是需要遵循一定的要求。

一般来讲，抽象词语的图像转化方法有谐音法和代替法，以上抽象词语我们所使用的方法就是代替法。

谐音法

谐音记忆法是以声音相似的词语来代替被记忆的信息，以便进行图像转化，形成生动的图像记忆。汉语中有很多同音字，还有很多字读音很相似，借助谐音，赋予信息某种特殊的意义，然后营造生动的故事场景，可以使记忆轻松高效。

我们先来看下面一段文字：

每天早晨刷过葡萄牙，就去喝点阿拉斯加粥，吃两个约蛋，然后去爬爬新加坡，赏赏太平阳；

上午就翻翻日本，查查瑞典，听听墨西歌、内蒙鼓；

中午吃吃俄螺丝，外加菲律冰；

下午就吹吹珠穆朗玛风，带上新西篮，逛逛缅店，买点刚果，称点巴梨；

晚上累得一身阿富汗，还得去上伊拉课；

不过周末可以走访阿拉伯，看望夏威姨，顺便在那儿好好吃上一顿华盛顿。

最后提醒：天已耶路撒冷了，注意多穿点儿喜马拉雅衫，晚上睡觉最好垫上巴基斯毯！祝大家学习快乐！

利用谐音营造生动有趣的故事，一般只需要一两遍就可以轻松记住以上大段文字。下面，我们举一些和日常学习有关的例子。

例一，一个有趣的故事

吓伤周春秋，站在琴上，汗衫浸男背，睡躺了！今天送院，明星命中！

（吓伤一个叫周春秋的人，他呆呆地站在古琴上面，汗衫浸湿后背，接着他睡躺在地上了，今天被人抢救送进医院，这就是明星命中注定的下场！）

以上故事涵盖了所有中国历史朝代顺序表，记住故事后，利用谐音即可轻松记下所有的历史朝代。

夏朝、商朝、周朝、春秋、战国、秦朝、

汉朝、三国、晋朝、南北朝、隋朝、唐朝、辽、

宋朝、金朝、元朝、明朝、清朝、中华民国、中华人民共和国

对应谐音：

夏（吓）朝、商（伤）朝、周朝、春秋——（吓伤周春秋）

战（站）国、秦（琴）朝——（站在琴上）

汉（汗）朝、三（衫）国、晋（浸）朝、南北（男背）朝——（汗

衫浸男背）

隋（睡）朝、唐（躺）朝、辽（了）——（睡躺了）

金（今）朝、宋（送）朝、元（院）朝——（今天送院）

明朝、清（星）朝、中华民（命）国、中华人民共和国（中）——（明星命中）

例二，八国工业集团（G8）

俄、德、法、美、日、加、意、英

记忆以上 8 个国家，只需记住这样一个有意思的故事：

饿的话，每日加一鹰（饿的话，每日多添加一只鹰）。

对应谐音：

俄（饿）、德（的）、法（话）、美（每）、日、加、意（一）、英（鹰）

例三，金属活动顺序

钾、钙、钠、镁、铝、锌、铁、锡、铅、氢、铜、汞、银、铂、金

记忆以上金属元素活动顺序，只需记住这样一个幽默故事：

嫁给那美女，心铁嫌钱轻，统共一百金（嫁给那美女，她的心肠像铁石一样，咂嘴嫌弃你拥有的钱财太轻薄，统共才有一百根金条）。

对应谐音：

钾（嫁）、钙（给）、钠（那）、镁（美）、铝（女）、锌（心）、

铁、锡（嫌）、铅（钱）、氢（轻）、铜（统）、汞（共）、银（一）、铂（百）、金

例四，黑色金属：铁、铬、锰

谐音记忆：皮肤很黑的铁哥们

对应谐音：铁、铬（哥）、锰（们）

例五，四书五经

四书：《孟子》《论语》《大学》《中庸》

五经：《诗》《礼》《春秋》《易》《书》

谐音记忆：四叔猛抡大钟，武警诗里存遗书（四叔猛地抡起大钟，武警在诗歌语句里用暗语留存遗书）。

对应谐音：

四书（四叔）：《孟子》（猛）、《论语》（抡）、《大学》（大）、《中庸》（钟）

五经(武警):《诗》、《礼》(里)、《春秋》(存)、《易》(遗)、《书》

例六，汉字七体：甲骨文、金文、小篆、隶书、楷书、草书、行书

谐音记忆：假金砖里，看操行(从假金砖里，看一个人的品德操行)。

对应谐音：甲骨文(假)、金文(金)、小篆(砖)、隶书(里)、楷书(看)、草书(操)、行书(行)

例七，《诗经》：包含风、雅、颂三类体裁的文章，表现手法是：比、兴、赋

谐音记忆：《诗经》里的故事是：一个疯子被押送，还在跟别人比幸福。

对应谐音：风(疯子)、雅(押)、颂(送)、比、兴(幸)、赋(福)

读者请尝试做如下词语的谐音图像转化练习：

- 价值
- 义务
- 精彩
- 忽视

代替法

代替法是指在图像转化的过程中，对于不容易直接转化为图像的信

息，尤其是抽象信息，可以寻找和信息关联最密切、最容易代表原有信息的图像作为替代图像的方法。

代替法选取的图像有时候是原有信息经过简化提炼的核心词对应的图像，有时候是由原有信息直接联想到的图像，还有时候可能综合利用谐音和简化法等其他方法。

例一，全球通 VIP 俱乐部健康服务包含________、________、________三个项目。

答：健康直通车、健康护航、健康随行

替代：健康直通车——救护车、健康护航——警车、健康随行——随车医护人员

图像故事场景记忆：一个 VIP 出了健康问题，在警车开道的情况下，救护车和随行医护人员前往救治。

例二，“三个代表”的主要内容

中国共产党要：

1. 始终代表中国先进生产力的发展要求；

2. 始终代表中国先进文化的前进方向；

3. 始终代表中国最广大人民的根本利益。

替代：先进生产力——汽车、先进文化——书本、广大人民的根本

利益——农贸市场

图像故事场景记忆：一个党员一边开汽车，一边看书，一不小心，汽车撞进了农贸市场。

例三，牢记《八荣八耻》

1. 以热爱祖国为荣　以危害祖国为耻

2. 以服务人民为荣　以背离人民为耻

3. 以崇尚科学为荣　以愚昧无知为耻

4. 以辛勤劳动为荣　以好逸恶劳为耻

5. 以团结互助为荣　以损人利己为耻

6. 以诚实守信为荣　以见利忘义为耻

7. 以遵纪守法为荣　以违法乱纪为耻

8. 以艰苦奋斗为荣　以骄奢淫逸为耻

替代：

热爱祖国——拥抱公鸡（热爱用拥抱的动作来代替，祖国用外形像地图的公鸡来代替）

危害祖国——杀公鸡

服务人民——给一群人擦皮鞋（服务用擦皮鞋来代替）

背离人民——离开这群人

崇尚科学——到科技馆参观神州六号展览

愚昧无知——参观封建迷信图片展

辛勤劳动——在田里种地

好逸恶劳——跟猪一起睡觉（好逸恶劳可以用猪和睡觉来代替）

团结互助——和猪抱成一团

损人利己——偷了别人的种子自己种

诚实守信——被人发现，主动承认错误

见利忘义——别人奖励一个梨子，见到梨子差点忘了去医院（谐音为：见梨忘医）

遵纪守法——过马路走斑马线

违法乱纪——到马路对面的银行抢钱

艰苦奋斗——用抢来的钱买很多书回来挑灯夜读

骄奢淫逸——成了一个贪官

图像场景故事记忆：

我先热烈地拥抱一只大公鸡，然后准备用刀把它杀掉。

这时候来了一群人谴责我杀鸡这个残忍的行为，我就给他们擦皮鞋平息他们的怒气，然后就离开了这群人。

离开了这群人之后，我到了一个科技馆去参观神州六号，然后又顺便参观了一个封建迷信图片展。

从科技馆出来，我就回家去种田，种完田很累了，就到猪圈去跟猪一起睡觉。

睡觉的时候我跟猪抱成一团，睡完觉醒来，我就到隔壁的田里准备把别人的种子偷过来自己种。

结果在偷种子的时候被别人发现，就只好低下头承认错误，别人见我认错态度很好，就奖励我一个梨子，我很高兴地吃着梨子，差点忘记要去医院看病。

我在去医院的途中，遵守交通规矩，过马路看红绿灯、走斑马线，到了马路对面，我看到一家银行，就进去抢了很多钱回来。

我把抢来的钱买了很多书回来挑灯夜读，考取功名成了大官，当官不久就开始贪污赌钱，最后因腐败被抓。

图像转化英文 26 个字母

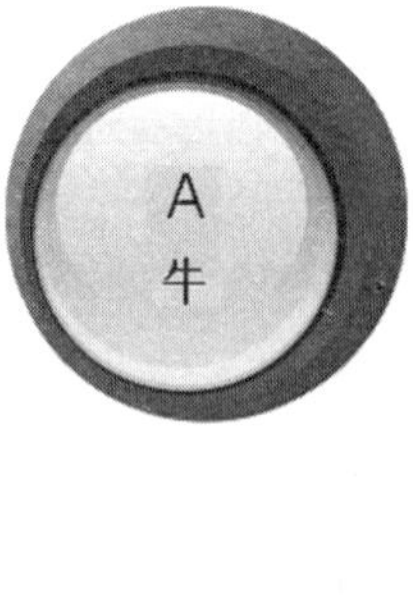

1. A字母原意：牛
2. 牛的主要特征：角
3. 角的特征：位于前方，角尖向上
4. 牛的习性：牛脾气，好斗
5. 牛代表耕作：农作物的代名词
6. 民以食为天：牛→食物→重要

B 房屋

1．选拔：盖房子要选拔地点

2．包、帐篷：有和房子相似的功能

3．后方：房子是居住的地方，战争的时候房子所在的地方成为后方

4．背后：人的后方是背

5．聚落：房子聚集的地方

C 骆驼

1．运输、行走、驮：骆驼在古代主要做运输用

2．覆盖物：身上驮着的东西可以说是覆盖在身上的

3．天：可以理解是一个巨大的覆盖物

D 门

1．向下：古代城门是向下放的

2．下笔、印、刻：由向下引申而来

3．开/关：门经常被打开和关闭

4．保护：城门有保护城池的功能

E
窗

1. 转动：关、开窗时都要转动
2. 推：开窗的动作
3. 合起：关窗的动作
4. 向外、伸：窗户是向外伸开的
5. 引申："伸"延伸为引申的意思
6. 透过、光：窗户是透光用的

F
木栓、木钉

1. 犯人：犯人被打上F的印记
2. 犯罪/错误：犯人肯定犯罪或犯错误了
3. 伤疤：印记可以说是脸上的伤疤
4. 表面：印记在脸的表面上
5. 附着：印记可以说是附着在脸上

G
脖子

1. 拽：脖子吃草的时候会把草拽出来
2. 割：吃草的时候也可以说是用牙齿把草给切割下来的
3. 扭动：脖子经常扭动
4. 秸秆：动物吃完草会留下植物的

H 篱笆

1. 墙：篱笆墙
2. 高处：墙顶是高处
3. 连接、排列、相邻：篱笆墙是一个一个的枝条相邻排列连接起来的
4. 院子：墙里面就是院子
5. 围：围墙

I 手指

1. 尖端：手指头的前端是尖的
2. 一点：手指头的一截是一点
3. 火星、火：火星是很小的点
4. 插、按：手指头的动作
5. 目标：手指指向的很多都是目标

J 钩

1. 勾、挠、挖、抓、捏、掐：手指头弯曲能做的动作
2. 握紧、勒紧、夹紧：手指头和手心合力做的动作

1. 张开、伸展：看别人的手掌一般都要张开才能看
2. 托、压：手掌平着的姿势能做的动作
3. 推、扇、搓：手掌竖着的姿势能做的动作

1. 拿、捞：把鱼从水里弄出来的动作
2. 收缩：鱼鳃的动作
3. 冲开：鱼在水里游动，可以说是冲开水向前游
4. 摆动、摇动、跳跃：鱼的动作

1. 转、开/闭：眼睛的动作
2. 循环：眼睛一圈一圈地循环转圈
3. 观察、看：眼睛的功能
4. 圆：眼球是圆的
5. 光：眼睛因为有光才能看到

P 嘴巴

1. 扁：嘴唇是扁的
2. 紧贴：一般两片嘴唇是贴在一起的
3. 差不多：两片嘴唇大小形状都差不多
4. 吹、吐、含、吸、开闭：嘴的动作

Q 猴

1. 扣：猴子的爪子经常扣着树枝
2. 向一点收缩、汇集：扣的时候手指向手心收缩
3. 挠：猴子的爪子喜欢挠
4. 跳：猴子喜欢跳

R 狗

1. 口水、流：狗口水流得很厉害
2. 侦查、看守：狗的功用
3. 生命力强：狗的生命力很强
4. 杂乱、杂草：狗待的地方一般比较杂乱，有很多杂草
5. 长：杂草长得很快

1．坚硬（固定）、相似、锋利、漏缝：牙的特征

2．流：牙缝里能流动液体

3．咬、合、敲、撕开、弄碎、咀嚼、卡：牙能做的动作

4．印、痕迹：牙齿咬后能留下痕迹

5．口舌、女人：女人话多

1．符号、字符、信息：记号的延伸

2．识别：通过记号能识别东西

3．指示、启示：记号代表一定的意义，能给人启发

4．长久、不变、固定：记号一旦刻上很难改变，能持续很长时间

1．木栓孔、钉孔：u由v延伸而来，比v（木栓）大，可以理解为木栓孔

2．宽裕、间距：木栓孔的孔应该宽裕，这样才能放进木栓

3．容纳、器具：木栓孔引申而来

4．湖：湖是很大的容纳水的器具

X
交错

1. 迷惑的、交错的：由末知数引申而来
2. 错误：由交错引申
3. 接吻

Y
叉

1. 裂开、裂缝：y的形状好像是钉钉子的时候下面产生的裂纹
2. 新生的、岔生的：裂纹是钉钉子的时候岔生出来的
3. 树枝：树枝经常分叉，y的形状也像树枝

Z
神

1. 权威、最高、神：宙斯是希腊神话中最权威的、最高的神
2. 狂热：宗教信仰令人狂热
3. 电：闪电的形状像z

creative activities work
project mission
success
social vision team

第六章

灵活运用定位法

第一节　《记忆宫殿》定识篇第五

原文

凡记识，或逐字逐句，或融会意旨，皆因其难易多寡，量力用之。如记“学而时习之，不亦说乎”，则以俊秀学童立观书册为“學”（学）字，以武士倒提锐爬象“而”字，以日照寺前，一人望之，象“時”（时）字，或以姓“时”字、名“时”之人。以日生两翼，一人骇观，象“習”（习）字，或以姓“习”、名“习”之人。以一人持尺许之木，削断其头，象“不”字。以一人肩横一戈，腰悬两锤，象“亣”字，“亣”，篆文，即“亦”字也。以傅说筑岩，取“說”（说）字，或以一人拍手仰面而笑，亦象“說”（说）字。以一胡人胡服而居，假借“乎”字。以上九字，逐字立象，循其次第，置之九处，此盖一字寄一处之例也。若欲总记数字于一处，则字象及意象，融化为一，务成自然。如记“尊德性”三字，先定第二字为活象，以有德或名德之人居中，左手举一酒尊，右手举带血生心，合成尊德性三字。若置四字、五字，就以一童立其前，如置六字、七字，就以二童立其前，皆举执实物以象。如五字，即“尊德性”下，续“乐道”二字，就于前象之前增一道服童子，左手擎龙头鹤身之象，切“乐”字，通成“尊德性乐道”五象，记之一处。如七字，即“尊德性乐道”下，再续“极安”二字，就于前有德人之前，道童之右，增一女子戴大斗笠为“安”字，左手擎太极图，取“极”字，总成“尊德性乐道极安”七象，记之一处。若数目重叠，更宜熟习此法。如记十一，则以一人行十者，右手执长戈以象之。如记二十，则以一人行十者，左手执铙钩以象之。如记三十四，则以一人行十者，左手持三眼神枪，右手持农家四股获叉以象之。如记五百，则以一百户，左手持五峰笔阁以象之。如记六千七百，则以一千户，左手举琴，右手擎六合帽以象之。如记八千九十，则以一千户，左手持八叉鹿角，其侧一人行十者，左手握九节斑箫，合而象之。如记九千一十一，则以一千户，左手举筝，其侧一人行十者，右手持签担，合而象之，因千十之间空百，故以二人判之。如记万，则以万户为活象，而执死象以成其数焉。此盖一句数字共记例也。逮欲融会数句之意，则以一象或二象，可概一句二句，以至一事大旨，然必亲切自然，庶经久不忘，如以一人圣容儒服，持白璧一方，纳向金藤笥中，旁立胡贾，捧白金十定，仰嘻求售，是象乃记“有美玉于斯，韫椟而藏诸，求善贾而沽诸”三句。如以一室罗列金玉锦绣服玩器具，中有一人温恭凝居，其窗壁间十目十手，俨如指视，是象乃记“十目所视，十手所指，其严乎？富润屋，德润身，心宽体胖”六句。如以二人衫巾相向，各执一簪而比同之，是象乃记“朋盍簪”一句。如以一人运动浑仪，其日月五星晶光杂焕，是象乃记“璇玑玉衡，以齐七政”二句。如以一人射猎，逐二狼，一前蹶自蹈其悬胡，一后蹶自蹈其尾，是象乃记“狼跋其胡，载疐其尾”二句。此则取象以记章句之例也。凡记诗文书劄，一如是例，或一二句，或三四句作象次第安置，其处甚少，其记甚多，虽连篇累牍，殊易排布，兼易识存，即偶忘一二字，其大意尚在，而辞可渐索，较之字字记顿者，抑又简捷矣。又如一方伯，戎衣跃马，执旄秉钺，有两野老，控其马衔，哀容仰视，是象乃记夷齐叩马而谏也。如一人箕踞睥睨，一人携杖而至以击之，是象孔子责原壤而叩其胫也。凡记典故、记事实，一如是例。更或华卉图书，或良工冶范、镌刻，或优俳搬演，或傀儡当场，乃有俊伟悦观其间，或以学士先生讲论台端，弟子拱听函丈，可以表而识之。第初学记法，须逐字句定象，不得躐等，遽尔牵联凑合，俟其习练既久，象所既熟，然后任意取用，不复拘泥。其象论多端，善学者更宜明达，附揭十款左右。

一、宜生动有致。盖兀坐、蟠居、稳眠、林立，其象既死，易致遗忘。

但象有定，必不能自动者，亦以人事用之，因而活之。故象人也，或笑、或歌、或号、或泣，或手舞足蹈，或首掉手摇，或舒体徘徊，或抚膺瞻顾，或春容而长啸，或肮脏以雄谈，或撑耳沉吟，或搔首踟蹰，或张眉瞪目、怒发冲冠，或扼腕竦容、愁容下带，或捧心而凝盼，或蹙额以长嗟，或屈指如有所筹，或鼓颐如有所啖，或矜持褒拜，或跳跃狂呼，或祝祈于庙貌巍灵，或侍听于庭仪典训，或玄览六合，或妙观两仪，或枕肱而延瞩浮云，或抱膝而停思玄理，或展经朗诵，或搦管微吟，或引扇开襟，或加簪举袂，或敛容敬肃，或散发逍遥，或揽监擒班，怃然太息，或执巾拭涕，喟尔长吁，或促视图画，闪灼鼻间银镜，或坐调琴瑟，泠朗指下心音，或钟磬戛鸣，或笙箫鼓吹，或筛金击柝，或携杖搴裳，或和味鼎中，或割鲜几上，或旋烹而啜茗，或当食而尝羹，或提莒抱罂，或操刀荷篑，或挟持两石，或负载千钧，或睥睨弯弓、直呼中的，或桀骜试剑、仰绝垂缨，或蹴鞠投壶，或弄丸投石，或拱珍而矜夸珠璧，或采芳而把玩芝兰，或种植阶除，或耕耘畎亩，或酩酊而潦倒，或鞅掌而憩休，或称比干戈、耀武扬威，或抹施粉黛、委婉娇羞，或官吏坐趋，或主宾揖让，或倚木而欣颜击节、客共嘉言，或临风而把臂衔环、朋同雅叙，或徒手扑搏，逞技于间场，或执版辩争、健讼于公府，或饰涂鬼面、辗转揶揄，或俯据狮音、张惶咆吼，或籧篨悼惜，或憔悴伤悲，或优游乎泉石缔盟，或欷歔乎河梁送别。以上诸貌，未尽形容，随人点缀，倘非损改常规，力标新姿，则象必雷同，难于料理矣。其余一切植蠢，咸云死象，又非与人可同日语者。然亦须概用人象活转其机，或游观指顾，或导引招摇，或豢养滋培，或操持振作，一主于感动之而已。至若木石、宇垣、器皿、杂具，诚死物也，亦以人象临事展用，箸力运移。夫惟蠢然介然者，皆得随意斡旋，悉中矩度，孰谓死象而无活法以活之乎哉?

二、宜好丑悬殊。好则美丽精洁，丑则粗恶丑陋，切忌瑕瑜之不掩，亦恶非刺之莫加。假如衣服，若精丽则采绮华章，珠宝缘饰，紫貂狐白，锁袱鹅容，若丑恶则败絮敝麻，襤褛鹑结，穿膝露肘，掩以蒲毡。其余物用，以是推之。

三、宜鲜明起观。盖五采炫耀，夺目映心，易记易索。

四、宜装束得体。凡人品流不同，服饰亦异，装扮相称，记认方明。如王者则冕衮弁服，公侯则簪缨蟒玉，文臣则梁冠朝服、幞头大衫，武臣则甲胄锦袍、佩刀弓矢，或皆以峨冠博带，锦绣品章，其余生儒、吏胥、军民、优隶，各照本等服色，易于分别，庶免混淆。

五、宜奇偏可喜。凡身材之肥瘠短长，面色之黑白，须发之多寡，及伤残有疣赘诸类，必各极一偏之致，反觉趣味可挹。若只寻常面孔，何由映射瞳眸?

六、宜怪异可骇。如人有三头六臂，竖目两角，喷火赤睛，獠牙毛面，虬鬣虾须，龙有九尾，兽有两翼，蛇有四足，鱼有双头，豕彘柔毛，牛羊刚鬣，禽生四掌六羽，马生瑞角鳞文，诸如此类，引而伸之，不可胜数。

七、宜态状可笑。盖象貌端严，见者情沮兴索，惟态度之忽可解颐，遂光景之时欲耀目。如醉客脱帽张衿，行步踉跄，吐呕狼籍。又如狂人蓬头垢面，跣足裸体，披衣踣作，颠狂行止进退。此则可笑可谑，百丑其状，惟欲态度迥异，以便忆耳。

八、器技宜肖。凡人肄业，必执其器。盖以分别四民，因其技艺而识之。如象士子，则展卷寻行，骚人墨客，则吮毫洒翰，丹青则绘染图画，吏书则抱捧文卷，兵则戎服挎刀，农则执耒扶犁，佣则荷插担畚，匠则操磨斧凿，陶冶则修治模范，渔樵则把竿执柯，商贾则盘算帐目，仆隶则绰杖擎盖，其余技艺皆可类推。

九、象所宜称。如天地日月，山阜树林，以至宫殿、屋宇、兕象牛驼，其形巨大，置之室隅，有不能容，擎之掌上，有不能举，乃因其所而细小之，使之容焉，举焉，而不知其为巨物也。有如棘刺针芒，蚁蝇蚊蚋，至微小也，置之于器，有不能察，握之于手，有不能睹，乃因其用而广大之，使之如杵如禽，易见易索，而不知其为细物也。

十、疑似宜分。如记日不可似月，记阜不可似山，记椿不可似槐，记殿不可似屋，记几不可似案，记榻不可似床，记骡不可似犬，记狐不可似狢，记鳖不可似龟，记鹤不可似鸬鹚，记雉不可似孔雀，记锦不可似绣，记珠不可似玑，记管不可似箫，记笺不可似楮。凡物有相类者，皆宜忌避，不可误犯，以致紊乱失真。否则，用而索之，必将混杂难辨，可不慎欤!

译文

一般来说，记忆要么逐字逐句，要么领会大意，要根据所记内容的难易程度和多少来决定，量力而行。例如记“学而时习之，不亦说乎”，可以用一个学生站着看书的形象来记忆“學”（学）字；以武士倒提镋爬的形象来记“而”字；以太阳照在寺前，一人在那观望的形象记“時”（时）字，或是用姓“时”、名“时”的人来记；以日生两翼，一人在惊讶地观看的形象来记“習”（习）字，或以姓“习”、名“习”的人记；以一个人拿着一尺来长被削断头的木头的形象来记“不”字；以一个人肩上横着一条戈，腰上悬挂着两只大锤的形象记“亦”字，这是篆书，就是“亦”；以傅说筑岩的形象记“說”（说）字，或者是一个人拍手仰面大笑的形象，也像是“說”（说）字；以一个胡人穿着胡服居家的形象，假借为“乎”字。以上这九个字，逐字立出来形象，排列有序，分别安置在九个处所，这就是一个字安置一个处所的例子。如果总是在一处记好几个字，则字象和意象要融合为一，力求自然。例如记“尊德性”这三个字，先定下来第二个字为活象，以有德或是名字带德的人居于中间，左手举一个酒樽，右手举着一颗鲜血淋漓的活生生的心脏，合成“尊德性”三字。如果是四字、五字，就让一个小童子立在前面，如果是六字、七字，就让两个小童子立在前面，都举着实物以表示形象。例如五个字，也就是在“尊德性”后面续上“乐道”二字，那就在前面的那个形象之前增加一个道服童子，左手举着龙头鹤身的形象，切“乐”字，合成“尊德性乐道”五个形象，一起记忆。例如七个字，即在“尊德性乐道”后再续“极安”二字，那就可以在有德之人前方，道童右边，增加一个戴大斗笠的女子，也就是“安”字，左手举着太极图，取“极”字，总合成“尊德性乐道极安”七个象，一起记忆。如果数目重叠，更应该熟悉这个方法。例如记十一，就用一个排行第十的人，右手拿着长戈的形象记忆。记二十，就用一个排行第十的人，右手拿着挠钩的形象记忆。记三十四，就用一个排行第十的人，左手拿着三眼神枪，右手拿着农家的四股叉的形象记忆。记五百，就用一个百户，左手拿着五峰笔阁的形象记忆。记六千七百，就用一个千户，左手举着琴，右手举着六合帽的形象记忆。记八千零九十，就用一个千户，左手拿着八叉鹿角，旁边一个排行第十的人，左手握着九节斑箫，这两个形象合在一起记忆。

记九千零一十一，就用一个千户，左手举着古筝，旁边一个排行第十的人，右手拿着扁担，这两个形象合在一起记忆，因为千和十之间空着百，所以用两个人来区别。如果要记上万的数字，则以万户为活象，手里拿着一个死象而合成这个数。这都是记忆一句话或是数字的例子。想要融汇数句的意思，就需要用一个或两个象，可概括一两个句，从而表达出一件事的大概意思，但是必须要亲切自然，这样才会经久不忘。例如有这样一个形象：一个人身穿儒服，器宇轩昂，拿着一方白璧，放到华贵的器具当中，旁边站立着一个外国商人，手捧着十锭白金，仰着脸笑容可掬地兜售。这个形象就是记"有美玉于斯，韫椟而藏诸，求善贾而沽诸"三句的。再如：在一间屋子里罗列着金、玉、华服和各种器具等，中间还有一个长相温恭的人，这间屋子的窗户和墙壁间有十只眼睛和十只手，好像在指着看什么。这个形象可用来记"十目所视，十手所指，其严乎？富润屋，德润身，心宽体胖"六句。如：两个人衣服相似，又各拿着一根簪子在比较。这个形象可用来记"朋盍簪"一句。如：一个人拨动浑天仪，于是太阳、月亮、金星、木星、水星、火星、土星光芒四射，令人眼花缭乱。这个形象可用来记"璇玑玉衡，以齐七政"二句。如：一个人在射猎，追逐两只狼，一只狼向前跑时踩着了自己下巴上的赘肉，一只狼向后退时踩着了自己的尾巴。这个形象可用来记"狼跋其胡，载嚏其尾”二句。这就是用取象的方法记忆章句的例子。但是记忆诗歌文章的时候，就像这些例子一样，或是一句两句，或是三四句作象依次安置，用的处所很少，但是记忆的东西很多。虽是连篇累牍，分类排列，难易共存，即使偶尔忘了一两个字，但大意没有变。况且词句可以逐渐串起来，比一个字一个字地去记忆便捷多了。例如一个领袖，穿着征袍，跨上战马，拿着旌旗和斧钺，旁边有两个老头，抓着马缰绳，一脸愁容地仰望着他，这个形象可用来记“夷齐叩马而谏”这个典故。再比如，一个人斜着眼，分开腿坐着，另外一个人拿着拐杖走过来敲了他一下，这个形象可用来记“孔子责原壤而叩其胫”这个典故。凡是记典故和事实，这么记就行了。其他的诸如花卉、书籍、巧匠镌刻、演员演戏、傀儡表演、长相俊美的人在人群中间观看、先生讲经、弟子在一旁恭听等形象，可以用标记的方法记忆。**刚开始学记忆术，必须要逐字逐句定象，不能贪快，不能急功近利甚至牵强凑合，等到练习的时间长了，象也就记忆熟练了，然后可以任意取用，不再拘泥**。关于象的论述很多，善于学习的人会很快理解的，现在附上在学习过程中十条应注意的事项，如下：

一、应当生动而有所区别。例如端坐、蟠居、稳眠、林立等形象都是死象，容易导致遗忘，但是象是固定的，不能自己动，必须靠人来操控，这样才会生动起来。因此，关于人的形象有：或大笑、或歌唱、或大声号叫、或小声哭泣，或手舞足蹈，或晃头摇手，或舒展开自己的身体来回走动，或按着胸口四下观望，或面露喜色仰天长啸，或喋喋不休，或用手支着耳朵沉吟，或挠头犹豫，或张眉瞪目、怒发冲冠，或用扼着手腕非常愤慨、满脸愁容，或捧心凝盼，或皱着眉头长叹，或屈指计算，或鼓起腮帮好像吃着东西，或庄重膜拜，或跳跃着狂呼，或在寺庙祝福祈祷，或在庭院聆听典训，或远眺天地宇宙，或洞察阴阳万物，或枕着胳膊仰看浮云，或抱膝思考玄理，或展开经书朗诵，或拿起笔管低吟，或解开衣服拿起扇子，或别上簪子扬起衣袖，或收起笑容一脸严肃，或披散着头发一副逍遥的样子，或对镜梳妆，怅然感慨，或拿着手巾擦拭眼泪，徒然长叹，或戴着眼镜翻看图画，或坐弹琴瑟，倾听清澈的心音，或钟磬的乐音突然响起，或鼓吹笙箫，或军队的当中的金锣响起，或拄着拐杖提起衣裳，或在锅中调味，或在案几上割肉，或烧开水喝茶，或品尝美味的羹汤，或提着水罐，或手持刀子、肩负竹筐，或双手各持巨石，或背负重物，或瞄准射箭高呼射中目标，或桀骜不驯地擦拭着宝剑、仰天长啸，或用脚踢球、用手投壶，或玩着抛丸的杂技，或双手捧着美玉夸赞，或手握芝兰来闻其芳香，或在台阶下种植，或在田间耕耘，或醉酒失意，或忙碌后休息，或大动干戈、耀武扬威，或涂抹化妆、妩媚含羞，或官员们按照自己的次序就坐、行走，或主宾双方互相拱手行礼，或倚着树高兴地击节而歌、与客人谈论有意思的话题，或临风相互挽起胳膊和朋友谈论风雅，或空手摔跤、在场上较量，或手拿诉状在衙门里诉讼，或涂抹成鬼脸、相互开玩笑，或俯下身来倾听山下狮子的怒吼，或为死者哀悼，或面色憔悴伤悲，或在山间和泉石缔盟，或在河边与河梁送别。以上各种形貌，并没有形容全面，可以随意点缀修改，只要不是损坏了常规面貌，都可以力求新颖，否则象必定会雷同，到用的时候就没办法处理了。其余的一切没有生命的东西，都是死象，不能与人同日而语。但是也要用人象让它们生动形象起来，无论形象中的人物是游玩观赏、手舞足蹈，还是在耕作种植、操持事务，他们的面貌都要生动。至于木石、宇垣、器皿、杂具等都是死物，也可以用人象临时拓展，灵活运用。不管能动的还是不能动的，都要能随意变化转换，洞悉其中的规律，谁说死象不能用活法让它活过来呢？

二、应当让好与丑对比悬殊。好的就美丽高洁，丑的就粗恶丑陋，切忌优点和缺点被掩盖，让它达到极致。比如说衣服，好的衣服就是布料精美、色彩华丽，珠宝装饰，用紫色貂皮或狐的白裘制成，里面充有鸟兽的细毛；而破旧的衣服就是破棉絮粗麻布，极其破烂，有很多补丁，并且露着膝和肘，用蒲毡掩盖着。其他的物体，可以以此类推。

三、应当色彩明亮引人注意。五彩炫耀，光彩耀眼的东西极易使人记住，这样便于记忆也便于检索。

四、应当装束得体。人的品位和地位不同，服饰会有差异，只有装扮得体，才能记忆深刻。例如帝王头戴皇冠身穿龙袍，公侯则是戴着簪子和头缨、穿着蟒袍，文臣头戴乌纱帽身穿朝服，武臣则是一身铠甲、外罩锦袍并佩战刀弓箭，或者都是宽袍大帽，满身锦绣，其余的儒生、小吏、军民、倡优和仆役，分别穿符合自己身份的服装，便于区别，以免混淆。

五、应当抓住较为突出的特点。身材的胖瘦高矮，面色的黑白，须发的多少，以及伤残、长有疣和赘肉之类的，必定有特别醒目的特点，这样才让人感觉有趣。如果只是普通的面孔，那怎么能够映入眼帘呢?

六、应当较为怪异并且吓人。比如人有三头六臂，三只眼两个角，红色的眼睛，嘴能喷火，锯齿獠牙，面部覆毛，虬髯虾须，龙有九条尾巴，兽有两只翅膀，蛇有四只脚，鱼有两个头，猪有很柔软的鬃毛，而牛羊却有很坚硬的毛，禽类则长着四条腿六个翅膀，马头上长着角，肚上生着鳞，诸如此类，引申开来，数不胜数。

七、应当让他们的样子滑稽可笑。一般相貌端严的，看见的人会感到沮丧无趣，只有态度忽然变化才会让人觉得快乐，就好像太阳突然从云层中钻出来照耀两眼一样。比如醉酒的人脱帽解衣，行步踉跄，吐呕狼藉。又比如疯狂的人蓬头垢面，光脚裸体，穿衣服都能跌倒，疯疯癫癫地跑来跑去。这都是很好笑的事情，丑态百出，而偏偏是这样异于常人的状态，才更容易让人印象深刻。

八、所拿的东西和他的身份相适应。人们举办活动和仪式，必定要拿着相关的器具。对于士农工商等四类人，根据他们的技艺进行区分。例如士子，则拿着书慢慢行走，骚人墨客则舔一下毛笔挥毫临墨，画师则绘染图画，小文官则抱捧着文卷，士兵则穿着戎装挎着腰刀，农夫则执耒扶犁，长工则挑着担子或者正在耕耘，工匠则操持或者打磨斧子和凿子，陶器工人则制作模具，渔樵则手执鱼竿钓鱼，商人则运用算盘记账，仆人则拿着仪仗、举着擎盖，其余的技艺都可以以此类推。

九、形象和处所应相匹配。例如天地日月，山阜树林，乃至宫殿、屋宇、兕象牛驼，形象巨大，放在处所的一个角落肯定容不下，而放在手掌上则又举不起来，针对这种情况，就需要根据放置的处所让它们相应变得小一点，使它能够被容纳、被举起来，而不把它再当作原先那么巨大的物体。再比如棘刺针芒，蚂蚁、苍蝇、蚊子、蚋，都是最微小的东西，将它们安置在容器中，不能观察，握在手中，又不能看，针对这种情况，就要根据它们的用途让它们变得大一点，比如说让它们看上去像棒杵或者飞鸟那么大，就可以很容易地观看和查找了，从而忘记了这都是微小的物体。

十、较为相似的应当有所区分。例如记太阳不可以像月亮，记土丘不可以像山，记椿树不可以像槐树，记宫殿不可以像屋子，记较小或较矮的桌子不可以像较大的桌子，记榻不可以像床，记骡子不可以像狗，记狐狸不可以像貉子，记鳖不可以像龟，记鹤不可以像鸬鹚，记野鸡不可以像孔雀，记有彩色花纹的丝织品不可以像缀着花纹的布，记圆的珍珠不可以像扁的珍珠，记笛子不可以像朱箫，记精美的信笺不可以像较粗糙的楮纸。凡是看起来相似的东西，都应该避免雷同，以免紊乱失真。否则，等你使用、检索的时候，它们就会混杂在一起，很难分辨，所以说不可以不谨慎啊！

第二节　身体、地点、数字、字母定位法

定位记忆法，也称定桩记忆法，是图像记忆的重要方法，最早可以追溯到公元前 5 世纪的古罗马时期，据传，大哲学家亚里士多德喜好四处游学，并擅长辩论，为使自己的言论更有说服力和无懈可击，需要记忆很多的典籍以及数据，亚里士多德擅长运用宫殿的柱子作为定位记忆方法。

定位记忆法，简单通俗的理解就是，事先找到一些事物或者地点作为桩子，然后将需要记忆的信息，通过联想，使其有一定的逻辑联系，这样在回忆的时候只需要从事先熟知的桩子，进而联想到要记忆的信息即可。

定位记忆法是记忆术最为古老，也是最为核心的记忆方法，现代记忆术在其基础上不断研究深化，已经远远超出古时的内涵，并向深度化发展，呈现出精彩纷呈的定位记忆技巧。定位记忆法虽然看似简单，但

是经过训练后它的记忆容量超乎人的想象，按照一个桩子联想联结记忆两个图像的话，如果一个人拥有1000个桩子，就可以轻松记忆2000个图像，而如果一个图像代表一个信息，比如一句话，那么这个人利用一两个小时就可以记下2000句话，而且由于这1000个桩子，记忆者事先非常熟练，那么这2000句话，记忆者可以随意背出其中的任何一句，这就是抽背，当然这个时候再让他从第一句背到最后一句的顺背，或者从最后一句背到第一句的倒背，都是小儿科，这也是很多记忆高手经常展示的记忆绝活的秘诀。

定位记忆法因为桩子的不同可以分为很多不同的门类， 以身体部位为桩子的定位法，叫身体定位法 。比如以人体从上到下的顺序，人们可以选取头顶、额头、左眼、右眼、鼻子、上嘴唇、下嘴唇、左耳、右耳……几十个部位作为记忆的桩子。在笔者所带的记忆培训班里，如果让学员们去寻找自己的身体部位，并把它们排序编号作为以后记忆用的桩子，学员们都会充满极大的探索兴趣，而且以后做记忆练习的时候，也是他们使用起来最得心顺手的记忆方法之一。毕竟这些桩子是离他们最近的图像事物，也是他们最熟悉的图像事物，心理学家发现对于那些自己熟悉的，而且自己感觉亲近的物体或者信息，人们记忆起来就会快很多。

以地点为桩子的定位法，叫地点定位法，地点定位法分为狭义地点定位法和广义地点定位法。狭义地点定位法，只是以地点为桩子，比如卧室、车库等。广义地点定位法，不仅包含地点，更包含地点上的物体，可大如一座房子，也可以是墙上的挂钩和牙刷头。

以数字图像编码为桩子的定位法，叫数字定位法。比如从 1 至 100，如果把每一个数字转化为一个固定的事物或者人的图像，在记忆的时候就可以把它们当做一个桩子来使用。比如：1 对应树干、2 对应鸭子、3 对应耳朵、4 对应旗帜、5 对应钩子、6 对应勺子、7 对应拐杖、8 对应葫芦、9 对应球拍、10 对应棒球……

以字母图像编码为桩子的定位法，叫字母定位法。字母从 A（a）开始一直到 Z（z）可以固定对应一些事物或者人的图像，比如字母 A 对应火箭，字母 B 对应花生，字母 C 对应弯月……

以字、词为桩子的定位法，叫词语定位法 。

第三节　定位法的使用步骤

第一步：定桩。确定选取什么门类的桩子。

一般我们会根据对于记忆方法的熟悉程度和信息量的多少选取桩子的门类，如果记忆信息量小，可以选取身体桩、数字桩，如果记忆信息量比较大，则需要选用地点桩。作为记忆能手，在平时都需要打造属于自己的桩子，很多记忆能手都有数以千记的桩子。定桩完之后要固桩，多感觉几遍，使它的顺序固定。

第二步：定像。确定选取什么样的图像作为记忆信息的替代。

定桩法的要意是使用图像的记忆方法，但是很多需要记忆的信息不一定具有直观的图像，而且即使有些信息有图像，但是图像不清晰、不具体、庞杂等因素也会导致定桩记忆的难度加大。

根据需要记忆信息的情况，针对特征清晰的图像，可以直接作为图像进行定像记忆，比如要记忆柠檬，直接在脑海浮现柠檬的图像就可记忆。而对于“人”这个图像，比较笼统，不好定像，这个时候可以采取替代法，比如可以选取工人的图像来代表“人”这个词。

第三步：定位。把定像转换来的图像和定桩确定的“桩”相联想。

针对定桩法的记忆流程来记忆十二星座：

1. 定桩：脚趾、膝盖、大腿、腰、手、脖子、嘴、眼、头顶、肩、左耳、右耳。

固桩强化：动动你的脚趾，感受一下动起来的感觉——摸摸你的膝盖——拍拍你的大腿——叉叉你的腰——摇摇你的手——摸摸你的脖子——努努你的嘴——眼放一下电——拍拍你的头顶——扯扯左耳朵——拉拉右耳朵。

2. 定像：十二星座：白羊、金牛、双子、巨蟹、狮子、处女、天秤、天蝎、射手、水瓶、山羊（魔羯）、双鱼。

3. 定位：

想象白羊舔你脚趾——好痒

金牛顶你膝盖——牛顶回去了

双子抱你双腿——舒服

巨蟹夹你的腰——腰硬，巨蟹夹子断了

五指梳理狮子的毛——很顺手

处女脖子戴上戒指——闪着光

嘴上放着天平——体验天平中间放在努起来的嘴上的感觉

眼放电射焦飞来的天蝎——臭味难闻

射手站在头顶上射箭——威风

水瓶放肩上——注意别掉了

山羊咬你左耳朵——好疼啊（魔羯的话，可以想象魔戒戴在左耳上）

双鱼从右耳朵游出来——痒痒的

定位记忆法文章的运用

在进行文章定位记忆的时候，因为文章内容有时候是复杂的词语或句子，就需要融入串联联结再进行记忆。

如《琵琶行》第一句（01）浔阳江头夜送客，枫叶荻花秋瑟瑟。

01——鱼——江头、枫叶、荻花

一条鱼在浔阳的江头送别客人，这时秋风瑟瑟，枫叶和荻花都落到了鱼的身上。

第二句（02）主人下马客在船，举酒欲饮无管弦。

02——鹅——主人、酒 、弦

一只又肥又大的鹅扶着主人下马，将他领到船上，主人和客人想要饮酒却没有音乐相伴。

第五节 图像的定位联结

记忆宫殿的根本是形象记忆，也就是我们反复探讨的图像记忆，图像记忆的两个核心，一个是信息的图像显化和图像信息的转化，一个是图像的联结。

关于图像转化，前文我们做了很多轮论述，下面我们重点探究图像联结。

图像联结是一种在实物或者现有信息的基础上，运用想象营造出虚拟世界的虚拟思维活动。常见的图像联结方式分类：

第一类：空间位置联结。例如“拖把”和“汽车”两个图像。拖把插在汽车的排气管里，汽车立在拖把头上，从而达到将两个图像联系在一起的目的，由拖把图像可以记忆起汽车，或者由汽车图像倒推可以记忆起拖把。

第二类：动作动态联结。例如“拖把”和“汽车”两个图像。自己拿着拖把挑起汽车，或者干脆拿拖把敲碎了汽车的玻璃，或者汽车在拖把上奔跑。

第三类：事件故事联结。例如“拖把”和“汽车”两个图像。自己拿着拖把拖地的时候不小心从桌子下面拖出一辆微型汽车来。

第四类：流程顺序联结。例如“拖把”和“汽车”两个图像。一个怪人吃东西，什么都吃，吃完拖把吃汽车。

联结的时候，可以改变事物的原有功能以及特征状态，甚至可以使用一些夸张、缩略的手法。比如可以让筷子挑起一辆汽车，人的眼睛飞入一辆汽车等。

第六节　图像联结的基础和提升

图像联结的基础是想象力

想象是人脑进行抽象活动的一种高级思维形式，想象的基础是头脑已经储存的图像，然后对它进行新的组合、衍生、再造、延伸，从而形成新的图像。

现实中的图像必须给予时间和空间性，有很强的空间能量位置和状态，并遵循一定的规律运行、运动，但是想象可以突破时间和空间的束缚。

我们从记忆的原理过程中看出，记忆的第一过程，是外界信息进入脑海，然后在脑海中保持留存，就像我们在照相的时候，物象通过感应材料而留存在胶片上，人脑在留存信息的时候，是依赖人脑里的无数细微的感应细胞，这些数以千计、数以万计的细胞，就像数码相机的像素一样，构成整个图像。数码相机只是对像素进行留存，而人脑的“像素”细胞不仅可以去还原现实的真实图像，还可以组合在现实中不存在的物象，这就是想象，想象源于现实的真实物象，但是可以完全脱离现实图像的时空性，而任由时空转换，即所谓的虚拟世界。

图像联结的提升要融入情感

高效图像联结中需要运用情感，以提高联结的牢固度，这是源于人体获取信息的根本方式。

人体获取信息有五种感官，除了主体获取信息的视觉图像外，还有以耳朵为主导的听觉，以皮肤为主导的触觉，以鼻子为主导的嗅觉，以嘴巴为主导的味觉，其他几种感官方式虽然没有像视觉图像那么直观，但是视觉图像在融入其他感官后，对于记忆和图像联结会起到效率多倍增加的效果。所以高效联结，应该更多地融入其他感官，同时加入情感。

人们时时刻刻生活在由身体内分泌环境调节的情绪情感之中，同样的事情，同样的事物，人在不同的环境，得到的情绪结果可能完全相反，比如青少年时期暗恋的对象，到了成年可能会认为自己当年幼稚可笑。不同的情绪可以指引人做出不同的行为反应，当然在这个过程中对于人脑的图像冲击肯定是不一样的。

在想象过程中，如果能有意识地融入情感，可以让记忆更高效。

现代心理学把情绪分类为喜、怒、忧、思、悲、恐、惊七大类。

伴随着不同情绪以及情绪的变化，人的身体及意识都会有不同的反应，这些反应重点表现在：嘴巴、手、脚、瞳孔等变化，脉搏和血压变化，呼吸急促或者舒缓，出汗或者身体哆嗦等。

第七节　利用地点定位记忆数字及扑克

“2 分钟内记住一副洗乱的扑克牌或者 100 位无规律数字”是记忆高手或者记忆培训训练中最为基础的记忆脑力训练体操，也是快速记忆力入门的训练方法之一。

依据一定的训练方法，每天训练 2 个小时，只需训练半个月左右，大部分人都能够获得这样的训练效果：在 2 分钟之内记住一副扑克牌或者 100 位数字。

获得“世界记忆大师”这一称号有三个考核标准，其中一个标准就是能够在 2 分钟之内记住一副扑克牌。因此可以说，按照这个方法训练，大部分人都能够在一个月之内获得接近世界级的记忆力!

扑克定位记忆有多种方法，其中将每一张扑克对应转化为一个或者两个数字，不仅可以利用扑克训练记忆数字，也可以同时快速记忆扑克。

第一步，熟悉 110 个数字编码图像和熟悉 52 张牌对应数字编码图像，建议1天完成。

1. 将110个两位数以内的数字，一个数字转化为一个具体的图像，图像可以是人、动物、物体。对应转化的方法一般有：运用谐音，比如12可以转化为婴儿（数字12读音像婴儿）；象形，比如8可以转化为葫芦（数字8像葫芦的样子）；指代，比如18可以转化为玫瑰花（18岁是玫瑰花季）。

2. 完全熟悉52张牌，每张牌对应一个数字或者两个数字的图像。

训练关键：

1. 首先将110个数字对应转化为具体图像。

2. 每张牌对应一个或者两个数字，并对应数字的图像。

3. 图像可以是人、动物、物体，不能是抽象的事情，图像宜具体并有鲜明的色彩、大小、纹理材质等特征为好。

4. 一个数字对应的图像编码一般选取一个为好，初始训练的时候，越固定按照要求进行训练，越能保证后续的训练效果，等训练到一定阶段再回头调整改变每个数字对应的编码图像。

海马脑力记忆训练系统110个数字编码表

数字	编码	备选	数字	编码	备选	数字	编码	备选
01	鱼		02	鹅		03	虾	山

续表

数字	编码	备选	数字	编码	备选	数字	编码	备选
04	蟹		05	猪		06	牛	鹿
07	拐杖		08	马		09	狗	酒、球
10	蛇	棒球	11	筷子		12	婴儿	
13	医生	雨伞	14	钥匙		15	鹦鹉	尼姑
16	杨柳	衣纽	17	仪器	玉玺	18	篱笆	
19	泥鳅	衣架	20	耳环		21	鳄鱼	阿姨
22	鸳鸯		23	和尚		24	盒子	猴子
25	二胡		26	河流		27	耳机	
28	恶霸	荷花、河马	29	鹅脚	阿胶	30	森林	山洞
31	鲨鱼		32	仙鹤		33	仙丹	
34	绅士	山狮	35	珊瑚	松鼠	36	山鹿	山路、香炉
37	山鸡	相机	38	沙发		39	香蕉	
40	司令		41	睡衣	雪梨	42	柿儿	雪耳、死鹅
43	石山	水仙、雪山	44	狮子	石狮	45	水壶	水母
46	石榴		47	司机	树枝	48	石板	雪花
49	雪球	水饺	50	五环		51	狐狸	
52	孤儿	木耳、猪耳	53	牡丹	乌纱	54	护士	巫师
55	木屋	古墓	56	蜗牛		57	母鸡	乌鸡、火机
58	苦瓜	火把、尾巴	59	五角星		60	榴莲	
61	轮椅	老鹰	62	驴儿	牛耳	63	流沙	箩筐
64	老鼠	螺丝、律师	65	锣鼓		66	绿豆	

续表

数字	编码	备选	数字	编码	备选	数字	编码	备选
67	楼梯	绿旗、流星	68	喇叭	萝卜	69	辣椒	牛角、鹿角
70	麒麟	冰激凌	71	蜻蜓	金鱼、蜥蜴	72	企鹅	
73	鸡蛋		74	骑士	鸡翅、橙子	75	积木	蜘蛛
76	犀牛		77	七喜	猩猩	78	西瓜	青蛙
79	气球		80	百灵鸟	花环	81	蚂蚁	白蚁
82	白鸽	百合花	83	花生		84	巴士	
85	白兔	白虎、蝙蝠	86	八路军	菠萝	87	白痴	白棋、麻雀
88	爸爸	斑马、白板	89	白酒	啤酒、芭蕉	90	精灵	
91	球衣	蚯蚓	92	球儿		93	救生圈	
94	教师		95	救护车	酒壶	96	酒楼	长颈鹿
97	酒席	警察	98	酒吧	酒杯	99	舅舅	胶卷
00	望远镜	眼镜	0	铃铛		1	树	棍
2	鸭子		3	耳朵	弹簧	4	红旗	
5	钩子	手套	6	勺子	烟斗	7	拐杖	镰刀
8	葫芦		9	球拍				

（备注：00、0 — 9、11、22 是象形编码，20、50 是混合编码，其他是谐音编码。）

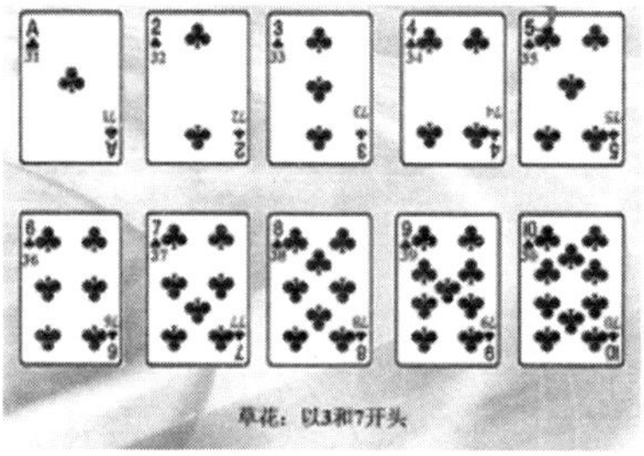

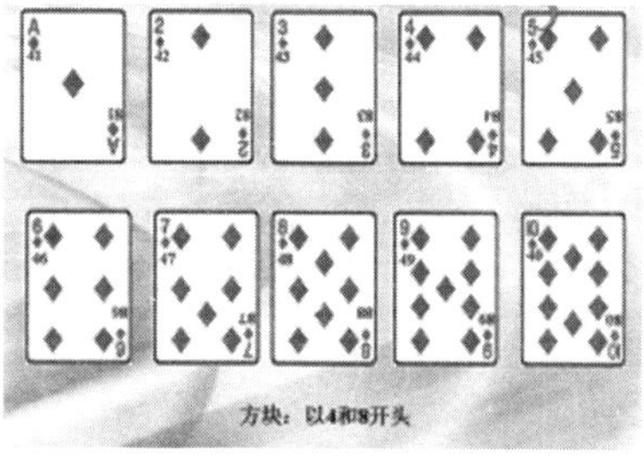

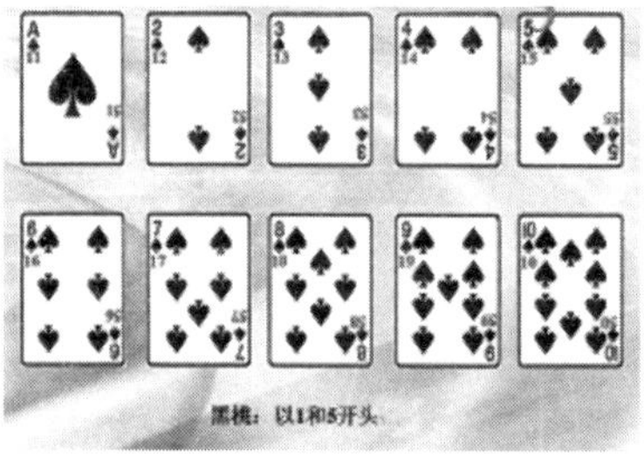

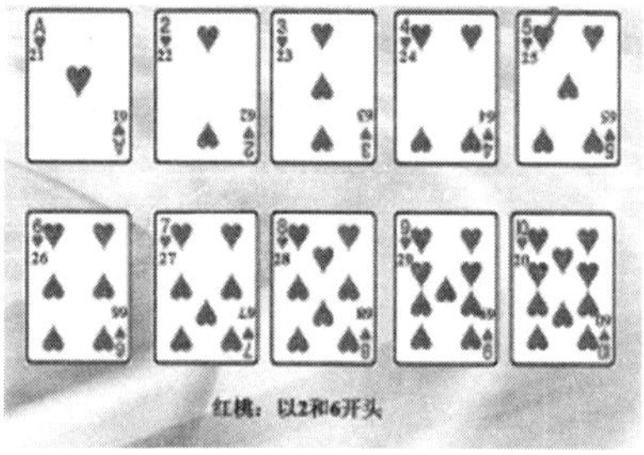

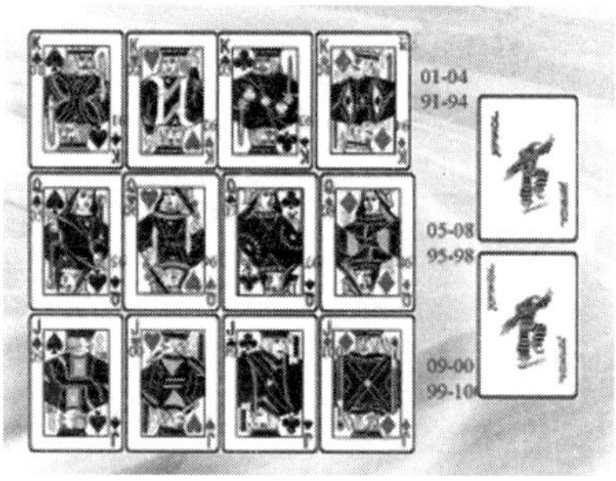

第二步，读码训练，建议 3 天完成。

1. 30 秒内背诵 52 张牌对应的编码。1 天。

2. 100 秒之内背诵 110 个数字编码。2 天。

训练关键：

1. 经过训练之后，30 秒内能够背诵 52 个编码，接下来就要在 60 秒内读完 52 张牌。这一步只要求能够快速辨别每张牌对应的编码，并不要求脑海中浮现清晰的图像。

2. 首先要做的就是在 30 秒内背出 52 张牌所对应的编码，40 张数字牌按顺序背出编码，12 张人物牌也要按顺序把相应的人物名字背出来。

3. 翻牌的方式为左手握牌，用左手大拇指把每一张读完的牌推给右手。读牌的时候要显示出整张牌，以能够快速看到每张牌的记忆点，刚开始可能需要看到整张牌，甚至需要看左上角的图标才能辨认，但熟练之后要求只扫一眼记忆点就能辨认出来。显示整张牌的速度虽然比只显示左上角的速度要慢一些，但这个速度对于记忆来说已经足够快了。如果不进行记忆，匀速翻一副牌大约只需要 20 秒。

4. 读牌的时候，要尽量读出声音，要求快速、流畅。刚开始的时候可以把 52 张牌分为 2~4 组进行读牌练习，在读牌的过程中找出那些辨认速度较慢的牌，把它们抽出来单独练习，直到完全熟悉为止。读牌不太熟练的时候，可以不洗牌，按相同顺序或按数字顺序反复地读牌。

在第一步和第二步这 4 天中，有空的时候可以去找找地点，最好能够找到 3 组（每组 26 个）以上的地点。

第三步，读桩训练，建议 2 天完成。

1. 找出 3 组地点桩，每组地点桩 26 个地点物体。

2. 后续逐渐再找出 2 组地点桩，每组 25 个地点物体，2 组 26 个地点物体。

3. 在脑海中清晰地想象每一个地点，做到桩子之间间隔不超过 1 秒的速度进行读桩训练。

训练关键：

1. 在寻找地点的时候，可以先写在纸上，每 5 个为一个小组，然后熟记，直到能够条件反射一样脱口而出。

2. 地点可选择家里、家附近以及常去的地方（如超市、电影院、餐馆等）。记忆一副扑克牌用 1 组 26 个地点即可，但在训练中如果反复用同一组地点，会容易混乱，所以最好要找出 3 组以上的地点。如果时间不够也可只找 1 组地点。

3. 选择地点的时候要尽量避免出现过多类似的地点，否则会在记忆的时候出现混乱。每一个地点都要找出其鲜明的特征，只有特征鲜明才容易与两张牌进行联结。

4. 进行想象训练的时候，要放松身体、闭上眼睛，在脑海中想象每一张牌的记忆点，尽量要在脑海中“看见”清晰的图案，包括相应的颜色。

对地点，则要清晰地想象出每一个地点的独特特征。

5. 记忆速度取决于三个因素：对每张牌能快速清晰地想象出相应的图像；对地点的特征能够快速清晰地回想；两张牌与一个地点联结时鲜明快速。这三个因素任何一个因素的加强，都可以使记牌速度加快；相反，任何一个因素不达标，都会使我们无法在2分钟内完成一副牌的记忆。这三个因素中，训练时间最长的是第一个因素，会占用80%以上的时间。

第四步，联结训练，建议5天完成。

1. 随意洗乱一副牌，把左上角出现的数字两两联想联结训练。

2. 每两张牌的联结训练时间不要超过2秒，以1秒内的时间为好。

训练关键：

牌与牌之间（数字之间）的联结，其实是图像和图像之间的联想联结，通过图像的联结，将两个图像转化为一组图像信息。这个步骤主要是锻炼串联联想能力，为后面的定位记忆作铺垫。

图像串联联想的时候，训练的重点在图像联结的方式和方法，让联结之后容易回忆，并且联结的速度要快。两组信息之间的联想不能超过5秒，最好控制在4秒以内，保证容易回忆的前提下，速度越快越好。

在进行联结记忆训练的时候，开始可以重点追求速度，对于记忆的效率不作为重点考虑，当训练速度达到一定阶段时，再追求联结的效果。

联结记忆训练完成后，进行回忆，看一下记忆的效果，暂时错误或者回想不起来的时候，可以先跳过去，把后面的回忆完，然后回头检查，错误的地方，进行总结。

比如圆周的前 100 位数字联结：

14 15 92 65 35 89 79 32 38 46

26 43 38 32 79 50 28 84 19 71

69 39 93 75 10 58 20 97 49 44

59 23 07 81 64 06 28 62 08 99

86 28 03 48 25 34 21 17 06 79

14 15 一把彩色的钥匙在鹦鹉身上一拧

15 92 鹦鹉条件反射般地把脚下的球儿（皮球）用力踢了出去

92 65 球儿像箭一般地飞了出去，击中了一个巨大的锣鼓

65 35 锣鼓倒了下来，掉在白色的珊瑚堆里

35 89 把珊瑚压成了绿色的芭蕉

89 79 芭蕉叶一扇，把一个气球扇到天上去了

79 32 气球被一只正在天上飞的白色仙鹤的尖嘴啄爆炸了

32 38 仙鹤落到一个黑色的沙发上

38 46 在沙发上悠闲地吃一个又大又红的石榴

46 26 石榴掉到了河流里

26 43 河流的水漫了上来，淹没了雪山

43 38 雪山顶上的沙发就漂了起来

38 32 沙发上停留着一只仙鹤

32 79 仙鹤展翅飞到一个气球上

79 50 气球被一个巨大的五环套住了

50 28 五环是从一朵巨大的荷花中伸出来的

28 84 荷花被一辆巴士撞倒

84 19 巴士里游出许多泥鳅

19 71 泥鳅旁边窜出一只巨大的蜥蜴

71 69 蜥蜴的头上长出奇怪的鹿角

69 39 鹿角上插着许多香蕉

39 93 香蕉纷纷跳到救生圈上逃走

93 75 救生圈被一只巨大的蜘蛛抓住

75 10 蜘蛛把它当棒球一样打了出去

10 58 棒球打到一片苦瓜地里

58 20 苦瓜都吊在像耳环一样圆环里

20 97 耳环被一个胖女人带到酒席上

97 49 酒席的主菜是大雪球

49 44 雪球上有一只狮子在表演跳舞

44 59 狮子拿起一个尖尖的五角星

59 23 五角星飞出去扎到了一个和尚

23 07 和尚受了伤，只好撑着拐杖走路

07 81 拐杖下端压死了一群白蚁

81 64 白蚁围攻撕咬一个律师

64 06 律师骑牛逃跑

06 28 牛撞到一个恶霸身上

28 62 恶霸把牛杀了，用卖肉的钱买了头驴儿

62 08 驴儿和另外一匹马比嗓门号叫

08 99 马是从舅舅家逃出来的

99 86 舅舅是个八路

86 28 成群的八路枪杀恶霸

28 03 恶霸整天混吃混喝，吃的都是大个儿的海虾

03 48 海虾被晾晒在石板上

48 25 石板上有个人在拉二胡

25 34 二胡的声音招引来一个绅士

34 21 绅士背后跑来一只鳄鱼

21 17 鳄鱼嘴里叼着一个仪器

17 06 仪器里有一头牛

06 79 牛在吹气球

第五步，定位训练，建议 5 天完成。

1. 快速地翻牌，每 2 张牌进行联结想象，在 2 分钟内完成整副牌。

2. 运用 26 个地点记忆一副牌。

3. 运用 25 个地点记忆 50 位数字。

4. 运用 50 个地点记忆 100 位数字。

训练关键：

1. 通过第四步的联结训练，我们的联结能力已经有所提高，这时再来训练联结的速度，就会发现速度的提高会比较快。

2. 定位训练之前要进行一遍读码训练或者在心中把数字编码和整副牌默默复习一遍。

3. 定位训练之前要进行一遍读桩训练或者在心中把要使用的地点默默复习一遍。

4. 定位训练重点在训练的速度和记完回忆的正确率。可以先追求速度，再追求正确率，最后达到速度又快正确率又高的效果。

5. 通过五步骤的训练，在一个星期左右，大多数人可以做到 3 分钟以内记忆一副洗乱的扑克牌或者 3 分钟之内记忆 100 个无规律的数字。

第七章

用记忆宫殿记住任何需要记的资料

第一节　《记忆宫殿》广资篇第六

原文

夫中国文字，奚啻万计！人之知识学问，有博寡浅深之不均，设若字字作象，不惟连篇累牍，不能悉类。抑且意见未必尽合，音义未必融通，记诵繁艰，拘方执一，俾握枢转丸之妙，翻为死法矣。其作象也，以人为活为体，以物为死为用，业已发明为前篇。然其用事用意，则有活而实，死而实，虚而活，实而死，又有半活半死，半实半虚，文殊理别，难以雷同。兹以盖世所恒用，如天文、地理、时令、干支、人事、器物等类，标列百数十字，以为程序。其用事用意，虚实死活，因可概见，学者取而推广焉，或可为心机之一助。

天：一人以管仰窥浑仪，而璇玑运转不息。

雨：一鱼立于鼠背，取鱼鼠切雨。

露：一客行程，倾雨满道。

霜：一朝服宰相，张盖立甘霖中。

雪：一贾重裘大帽，遍体六出白花，一农蓑笠执杖，傍立欣然。

星：三台六符，灿耀在天，一丈夫昂首指颐，若有所讯结。

潢：一人黄其姓者，立大川之皋。

烟：苍青紫气郁郁葱葱，而山水之间，车马舟楫缥渺而来。

地：置一地球于架，一人区别山川土地，以图画之。

岳：一人丘姓者，等陟最高之山，或于独立之山上立一坟丘。

山：一人登山远眺，或案置一大笔阁。

川：一人临瞰三只大水，不见发原归止之处。

野：一山僻老人，草服村貌，两手捧芹一束，将有所献。

陂：一人报大皮一张，息于土阜之侧。

渠：水中浮一巨木，一人之力挽取之。

坪：集土乱堆，一人执橛，一人执扒，共平治之。

塘：一人唐姓者，掘土欲成一塘。

湫：一人刈禾，左有川泽，右有燔炬。

區：一人持刀为一人髡须，取髡须切区。或一人挽车而行，取空车切区。

段：金彩段一疋。或借“断”，一人以刀断机。

顷：一人插匕于首之巅。

畝(畞)：中立十字架，架之左有有田一区，禾实穖穖，右立一人观之。

春：三人同玩一太阳。

夏：伏羲氏牛首人身，戢木叶为衣，手擎八卦图，取义卦切夏。

龝（秋）：田禾丰茂，中突出径尺元，一人往捕之。

冬：堂上红炉，宾主狐裘貂帽对坐就烘，阶前残雪冰凌，乔木枯立。

太阳停午照耀八荒。

晝（昼）：太阳停午照耀八荒。

夜：秉烛中堂，灿灯书室。

旦：旭日东升，曦晖和煦。

暮：斜日西倾，霞光佳气。

朔：日月合度，日光月隐。

晦：四垂溟溟，余光映人。

弦：月体如弓，上右下左。

望：日东月西，沉浮升降。

立春：土牛迎气，纳祥于朝。

惊蛰：雷鸣冰泮，百虫鼓舞。

谷雨：莳苗方长，甘泽滂沱。

芒种：农夫执耘播种，瘁躬汗背。

大暑小暑：借鼠为暑，大则尺许，小则径尺。

白露：江天明净，岸木含珠，其白如银，其质如饴。

霜降：屋宇白银，寒潭澄净，草木零落，月度孤鸿。

大雪小雪：八紘一白，檐筋冰棱，大则如掌，小则如毛。

甲：大将金甲，燦目争光。

乙：燕鸟双飞，呢喃举尾。

丙：借饼为丙，一人逊啖。

丁：借钉为丁，一人持一大钉。

戊：一人持文布出售，文布切戊。

己：借麂为己，一人剥麂之皮。

庚：借羹为庚，烹羹于鼎，一人举匕尝之。

辛：萧蘱薫椒，积辛满室。

壬：妇人妊子，满怀高突。

癸：借鬼为癸，天神劈鬼。

子：一婴儿嬉戏，或以一鼠首戴日晷。

丑：借醜为丑，东施效颦，人共嗤之，或以牛角间日晷。

寅：借银为寅，元宝一锭，或以虎项悬日晷。

卯：官吏升堂，执笔画印，或以一兔背立日晷。

辰：一龙角端日晷。

巳：巨蛇盘旋日晷。

午：马首昂竖日晷。

未：羊角斜挂日晷。

申：猢狲效人提看日晷。

酉：雄鸡鸣向日晷以啄点。

戌：日晷在亭，一犬守于其下。

亥：豚鼠刚撑，载缚日晷。

经：六经集于其间，士子批诵不辍。

史：一朝士弹冠簪笔，竦立于庭。

翰：学士染墨，午鸡翘立。

牍：竹简韦编，累累满车。

耕：农夫执策，驱牛而耕。

鑿（凿）：大匠执斤，丁丁凿木。

陶：瓦器盈野，工运于窑。

畋：皮衣挺戈，逐兽走旷。

欢：宾主满堂，交觥酬酢。

憂（忧）：尺苗萎黄，两农相向蹙，指仰烈日。

哀：縗絰扶杖，戚容垂泣。

樂（乐）：嘉禾双颖，两农相向抚掌大笑。

動（动）：旌旃当风。

静：泰山傑立。

止：河中砥柱，屹然不动。

流：长江巨舶，扬风顺潮。

傲：借炙烤之鳌。

惰：借舵。

怠：借官之束带。

忽：借斛。

清：靛青水一瓮。

寧（宁）：心盛于皿，覆以华盖。

爽：一丈夫挺立中庭，四人分衣于肩腋之下。

曜：一翟迎日而鸣。

端：一王者端拱中立。

莊（庄）：一壮士头带茅蓬。

驯：一斷饮马于川。

雅：一人用象牙刻成一隹，毛羽备具。

勤：堇土一堆，一人之力以平之。

慎：借珍为真，一人擎大红珍宝一块，其形如心。

廉：借镰为廉，一人把镰而视，或置廉石于所。

節（节）：一人秉节。

铉：鼎耳也，瓦石鼎鼐，金玉其铉，取其贵者记之。

纽：印方三寸，台纽盈尺，取其大者记之。

梁：木桶盈尺，两耳有孔，贯以八尺之梁，取其长者记之。

纳：一人挥口，其口忽脱，犹握其柄。

锋：一人执剑，一人引发吹向其刃以试。

钝：一人举刀蒙锈，磨锡于砺。

萼：秀英飘零，惟存其萼。

蒂：一人摘瓠，先尝其蒂，以别甘苦。

冲：人立水中。

和：一人哆口，把禾一束。

毨：巨兽毛皆振落，其身将赤。

毴（毦）：禽雏细毛初生，稀疏柔细。

牝：一马在槽，驹食其乳。

牡：一鹿双角八叉。

雌：一草雉栖于山梁。

雄：一雉锦身翘尾，游于冈阜。

跳：雀跳而前。

跃：鱼跃波间。

蟠：螭虬蟠居。

纡：蛇引而行。

译文

中国的文字数以万计，每个人拥有的知识又都不一样，有的人博学，有的人孤陋寡闻，如果每个字都要作象，那就篇幅过多，语言太烦琐了，也无法进行分门别类的整理。况且意见未必都统一，文字的读音和意义未必都融合通达，朗读记忆起来就会很麻烦，如果过于拘泥固定的方法，即使是学习了其中的妙处，到头来也会成为一种死方法。作象就是要把人物和灵活生动的动作作为主体形象，把死板的物体仅仅当作运用的器具，这方面内容前篇已经说过了。然而，**不管是确立这个形象的具体事物还是发挥出其中蕴含的含义，都各不相同，有的形象生动并且是客观存在的，有的形象死板但也是客观存在的，有的形象是虚无的但是非常生动，有的形象是虚无的却较为死板，也有半活半死、半实半虚等情况，**

无论是表面的还是内在的，都难以雷同。下面就把现在比较常用的一百多个字用象记法记忆作为例子，这些字涉及天文、地理、时令、天干地支、人事、器物等方面。到底是选用具体事物作为形象记忆还是通过字的含义发挥想象力来记忆，在使用的过程中如何运用虚实死活等方法，在这些讲解的事例中都有所体现，学习者只要通过学习并灵活运用这些方法，就能提高自己的记忆力了。

天：一个人用竹管窥探天空，而天空中的星辰在不停地运转。

雨：一条鱼站在老鼠的脊背上，用“鱼”和“鼠”两个字就能切出来“雨”的字音。

露：一个客人出行，道路上全是雨水。

霜：一个穿着朝服的宰相，打着伞立在雨中。

雪：一个商人穿着大袍子，戴着大帽子，身上沾满了雪花；另有一个老农蓑笠执杖，欣然在一旁立着。

星：星辰在天上灿耀，一个男人昂首指颐，若有所思。

潢：一个姓黄的人，立在大川高地上。

烟：苍青紫气郁郁葱葱，在山水之间有车辆或是小舟缥缈而来。

地：把一个地球放在架子上，一个人用图画区别出山川土地。

岳：一个姓丘的人登上最高的山，或是在一个独立的山头上堆了一个土丘。

山：一个人登山远眺，或是在几案上放一个大笔架。

川：一个人俯瞰三条大江，看不见源头和终点。

野：一个山野老人穿着朴素的衣服，两手捧着一束芹菜，准备献给某人。

陂：一个人抱着一张大皮，在土坡旁休息。

渠：水中浮着一根巨木，一个人用力地拉过来。

坪：一个乱土堆，一个人拿着橛，另一个拿着杌，一起把它整平。

塘：一个姓唐的人，想要挖一个土坑。

湫：一个人收割庄稼，左边有河流沼泽，右边有点燃的火把。

區（区）：一个人给另一个人剃发刮胡须（髡须），取“髡”和“须”（鬚）的音切“区”。或是一个人拉车前行，取“空”和“车”的音切“区”。

段：取一个金彩段，或是借“断”字，一个人用刀斩断正在织的布匹。

顷：一个人把匕首插在头顶。

畝（亩）：中间立着一个十字架，架子的左右各有一块肥沃的田地，右边立着一个人在观看。

春：三个人同晒太阳。

夏：伏羲氏牛头人身，穿着树叶做的衣服，手里拿着八卦图，取“羲”

和“卦”的音切“夏”字。

龝（秋）：田中禾苗丰茂，中间突出一个直径一尺的乌龟，一个人前去抓捕。

冬：屋里有一个烧得火红的炉子，主人和客人穿着狐裘戴着貂帽对坐着烤火，台阶前有残雪和冰凌，院子里立着一棵凋零的树。

晝（昼）：太阳在中午照耀四方。

夜：在中堂点燃蜡烛，满室生辉。

旦：旭日东升，阳光和煦。

暮：夕阳西下，霞光万丈。

朔：日月交替，太阳发光，看不见月亮。

晦：四处晦暗，只有一些余光可以映照人。

弦：月亮如一张弓，上右下左。

望：日在东月在西，浮沉升降。

立春：土牛开始迎接萌动之气，接受从东方而来的祥瑞。

惊蛰：冰雪融化，春雷萌动，小动物都开始活跃起来。

谷雨：禾苗受到雨水的润泽，开始生长。

芒种：农夫拿着工具播种，汗流浃背。

大暑小暑：借“鼠”为“暑”，大老鼠有一尺来长，小老鼠仅有几寸。

白露：水天一色，干净明亮，岸边的树上挂着晶莹的露珠，看起来色白如银，尝一下甘甜如饴。

霜降：房子上好像白银装裹，潭水澄清，草木凋落，鸿雁南飞。

大雪小雪：天地八方都变成白色的了，檐下挂着冰凌，大的犹如手掌，小的犹如毛发。

甲：大将穿着金甲，光辉夺目。

乙：燕鸟双飞，恩爱呢喃。

丙：假借“饼”为“丙”，一个人把饼吃掉。

丁：假借“钉”为“丁”，一个人拿着一颗大钉子。

戊：一个人拿着带花纹的布匹在出售，“文”和“布”的音切“戊”。

己：假借“麂”为“己”，一个人在剥麂皮。

庚：假借“羹”为“庚”，锅里煮着肉，一个人拿着勺子品尝。

辛：屋子里堆满了辣椒，充满了辛辣气味。

壬：女人怀孕，隆起高高的肚子。

癸：假借“鬼”为“癸”，天神劈鬼。

子：一个婴儿在玩耍，或是想象成一只老鼠头顶着日晷。

丑：假借“醜”为“丑”，东施效颦，人们都笑话她，或是想象成牛角间夹着一个日晷。

寅：假借“银”为“寅”，一锭元宝，或是想象成老虎脖子上挂着日晷。

卯：官吏圣堂，拿着笔画卯，或是想象成一只兔子背上立着日晷。

辰：龙角上顶着日晷。

巳：巨蛇盘旋日晷。

午：马头上竖着日晷。

未：羊角上斜挂着日晷。

申：猴子模仿人的样子提着日晷。

酉：雄鸡对着日晷啼鸣，并且用嘴去啄它。

戌：日晷安放在亭子里，一只狗在旁边守护。

亥：把一头猪绑在日晷上。

经：六经都集合在一起，学者和士大夫不停地诵读批阅。

史：一个官员整理好帽子和簪子，昂首立在庭前。

翰：学士身上沾染墨水，午时时分，一只鸡伫立着。

牍：用牛皮绳把竹筒穿起来，满满地放在车上。

耕：农夫扶着犁，赶着牛耕地。

凿：工匠拿着斧子在砍树，叮叮作响。

陶：外面堆满了制作好的陶器，工匠们不断往窑里运送。

畋：穿着动物皮做的衣服，拿着兵器，在野地里追逐野兽。

欢：高朋满座，觥筹交错。

忧：长势喜人的禾苗枯黄了，两个农夫互相安慰，仰头指着烈日。

哀：身穿着重孝，低着头哭泣。

樂（乐）：一棵苗长了两个谷穗，两个农夫面对面鼓掌大笑。

动：旌旗迎风招展。

静：泰山兀然矗立。

止：河流中的巨石屹然不动。

流：长江上的大船乘风顺流前行。

傲：假借烙饼的“鏊”。

惰：假借用“舵”，

怠：假借官员的束“带”。

忽：假借“斛”。

清：一缸碧绿的水。

寧（宁）：把心放在器皿里，盖上一个漂亮的盖子。

爽：一个男人昂首立在院子当中，四个人分别在他的腋下把衣服解开，使之通风。

躍（跃）：一只野鸡迎着太阳啼鸣。

端：一个帝王端坐在中央。

莊（庄）：一个壮士头戴着茅草斗笠。

驯：一个小厮在河边饮马。

雅：一个人用象牙雕刻了一只隼，羽毛和翅膀都有，栩栩如生。

勤：有一堆土，一个人用力使它平整。

慎：假借“珍”为“真”，一个人举着一块心形的红色珍宝。

廉：假借“镰”为“廉”，一个人拿着镰刀观看，或是把磨刀石收起来。

節（节）：一个人拿着竹节。

铉：鼎的耳朵，石头做的鼎上面安装着金玉做的耳朵，夸张它的珍贵，便于记忆。

柱：木柱上雕刻着蟠龙，纹路好像头发丝般纤细清晰，夸张它的精致，便于记忆。

纽：三寸的印章，却用超过一尺的带子，夸张带子的长大，便于记忆。

梁：一尺大的木桶，两只耳朵有孔，用一根八尺的棍子串起来，夸张棍子的长度，便于记忆。

纳：一个人手里挥舞着一样东西，突然前面的头儿掉了，手里只握着一个柄。

锋：一个人拿根头发放在剑刃上来测试这把剑是否锋利。

钝：一个人拿着一把生了锈的刀在磨刀石上磨。

萼：花朵的花瓣飘落凋谢了，只剩下了花萼。

蒂：一个人摘葫芦，先尝尝它的蒂，以判断是甜还是苦。

沖（冲）：人站立在水中。

和：一个人张着嘴，拿着一束禾苗。

毨：动物的毛都脱落了，全身裸露。

氄（毦）：鸟类幼仔刚长出绒毛，稀疏柔软纤细。

牝：一匹马在马槽边，小马驹在吃它的奶。

牡：一只鹿长着双角八叉。

雌：一只野鸡栖息在山梁上。

雄：一只羽毛艳丽翘着尾巴的野鸡在山上踱步。

跳：鸟雀向前跳。

跃：鱼在波浪间窜跃。

蟠：螭虬在窝里盘绕着。

纡：像蛇一样蜿蜒前行。

第二节　记忆宫殿的延伸——数字定位记忆法（上）

数字定位记忆法是在传统记忆宫殿记忆法的基础上延伸出来的另一类高效记忆法，它没有记忆宫殿定位桩选用上“天地万物皆可为桩”那样灵活，但是在特定环境下，可以得到比记忆宫殿更灵巧的运用。同时它也可以记忆学习、生活中各种类型的问题，掌握它，你可以做到：

改变生活中丢三落四的不良习惯；

一次性记忆几十项、上百项内容，并且可以倒背如流；

至少可以记忆圆周率小数点后 200 位数字；

可以按座次记忆《水浒传》中 108 位梁山好汉的绰号、姓名；

54 张扑克牌打乱顺序后，可以记住每张牌的先后顺序，并且可以随口说出第几张牌是什么或哪张牌是第几张。

可以按顺序记忆并背诵观众当场说出的几十项词语；

讲课时不用看讲稿即能记住所要讲的内容要点、提纲；

开会时不用做笔记即能记住内容提要，回去传达时不会有遗漏；

可以记住现在世界上的所有国家及其首都；

可以按先后顺序记住中国历史上历朝历代皇帝的名字；

如果你是老师，新学期开始，你可以记住全班几十名新生的学号、姓名，点名时完全不用看点名册！

能够按顺序记住元素周期表上的 100 多个元素！

能够按人口从多到少的顺序记住我国 55 个少数民族名称！

……

只要掌握了数字定位记忆法，其应用范围是非常广泛的，我们在电视上或者网络上看到的众多记忆大师和记忆高手，无一例外都是在高效利用数字定位记忆法。

什么是数字定位记忆法呢？

数字定位记忆法就是把 10 个阿拉伯数字及其每个组合都赋予特定的意思（即编码），然后作为与记忆对象进行联想的工具。

理论上讲，可以把数字从 1 一直到几万，每一个都赋予一个含义，但在实践中我们发现，一般有 100 个数字的编码就够用了。

首先介绍前 10 个数字的编码。

我们经常可以听到幼儿园的小朋友在学习数字 1~10 时这样念到：

1 像铅笔细长条，2 像鸭子水上漂，3 像弹簧蹦呀跳，4 像红旗飘呀飘，5 像秤钩来卖菜，6 像烟斗冒青烟，7 像镰刀割青草，8 像麻花拧一遭，9 像球拍能打球，10 像鸡蛋做蛋糕。

老师们利用 10 个阿拉伯数字的象形而给予每个数字一个特定的、有助于记忆的含义，这样一来，枯燥的数字就变成了朗朗上口的歌谣，容易记住。

所以我们可以按照这一歌谣，列出 10 个阿拉伯数字的特定含义，即：1= 铅笔，2= 鸭子，3= 弹簧，4= 红旗，5= 秤钩，6= 烟斗，7= 镰刀，8= 麻花，9= 球拍，10= 鸡蛋。那如何应用呢？把这些编码同所需记忆的内容进行联想即可，这样，想起 10 个数字就想起了答案。应用举例：

记忆浙江省的 10 个名胜古迹：

1. 西湖，2. 普陀山，3. 天台山，4. 乐清北雁荡山，5. 莫干山，6. 嘉兴南湖，7. 桐庐瑶琳仙境，8. 永嘉楠溪江，9. 天目山 ，10. 钱塘江观潮。

将 10 个数字的图像与 10 个景点名称进行联想，具体如下：

“1= 铅笔”与“西湖”：我用铅笔画的西湖美景获奖了，可不久就开始变得模糊起来，我很后悔没用彩笔画。

“2= 鸭子”与“普陀山”：可假想浙江有一种“神鸭”，又大又健壮，能驮人飞行，所以来这儿的游客普遍要感受一下被鸭子驮上山（普陀山）的感觉。

“3= 弹簧”与“天台山”：想象游客们脚踩着弹簧，一下子就被弹到天台上（天台山）—— 一个能上天的台上。

“4= 红旗”与“乐清北雁荡山”：游客们摇着红旗欢呼，原来他们快乐的情绪是被大雁回荡在山谷中（乐清北雁荡山）的叫声所鼓舞的。

“5= 秤钩”与“莫干山”：莫干山脚下，农夫手拿秤钩向游客兜售馍干（莫干的谐音）。

“6= 烟斗”与“嘉兴南湖”：有很多叼着烟斗的老人与家人兴致勃勃地在那湖（嘉兴南湖）中划艇。

“7= 镰刀”与“桐庐瑶琳仙境”：爬山时，我带着镰刀在前面开路，砍着砍着，忽然看到一个铜炉，铜炉上插着香，香烟绕林，真有些仙境（桐庐瑶琳仙境）的意味。

“8= 麻花”与“永嘉楠溪江”：我问当地的一家麻花店为什么他的麻花这么好吃，他说：“我们追求质量永佳（永嘉），细节难细讲（楠溪江），我很忙。”

“9= 球拍”与“天目山”：最好的球拍是用天上的木头做的，可上（天目山）哪儿去找呢？

“10= 鸡蛋”与“钱塘江观潮”：把鸡蛋打碎掺几钱糖浆冲服，管潮湿（钱塘江观潮）引起的感冒，这是我在路途上听人说的。

回忆一下能想起这10个景点吗？由“1”想到铅笔想到画的西湖美景，由“2”想到鸭子进而想到普陀山……由“10”想到鸡蛋想到钱塘江观潮，10个景点通过10个数字的编码就联想起来了，这就是数字定位记忆法。

人的机械记忆的长度为每次记忆7±2项内容，超过7项，记起来就会越来越模糊，很难保持。而数字定位记忆法则不受这个限制，只要你身体还允许，在不感到劳累的情况下都可进行记忆，并且每次可记忆几十甚至上百项内容。

每个数字的定位联想一个记忆对象，这是能一次记忆成百上千项内容的奥秘所在！

11~20的数字定位采用谐音的方法，列举如下：

11=十一国庆节，12=失学儿童，13=衣衫，14=时事，15=食物，16=石榴，17=仪器，18=姨妈，19=药酒，20=按铃。

应用举例：

记忆孙中山颁布的《中华民国临时约法》的主要内容：

中华民国主权属于全体国民，国内各民族一律平等，国民有言论、结社、集会、著作的自由，参议院行使立法权、有弹劾总统的权利。

为了节省篇幅，我们用数字的编码直接与上述画线部分的关键词进行联想，并且也不再重复列出每个数字的编码了。

联想：

“11”与“主权”：每年十一国庆节，我们都会庆祝劳动人民终于掌握主权了。

“12”与“全体国民”：现在失学儿童受到了全体国民的关注。

“13”与“各民族一律平等”：清朝时，穿着黄袍马褂衣衫的人，就比别的民族的人高贵，《临时约法》规定，今后不论穿什么衣衫，各民族一律平等。

“14”与“言论”：《临时约法》使老百姓能自由谈论时事了，因为有了言论自由。

“15”与“结社”：《临时约法》使百姓能够安居乐业，食物渐渐充足后，那些过去被迫打家劫舍（结社）的人也走了正道。

“16”与“集会”：各种水果也开始多起来，尤其是石榴在集市（集会）上到处可见。

“17”与“著作自由”：国民政府有感于国内技术的落后，于是允许介绍外国先进仪器设备的著作自由发表。

“18”与“参议院”：那时候，姨妈竞选进了参议院，她是第一个参政的女议员。

“19”与“立法权”：《临时约法》还规定，《药酒法》的立法权也交由参议院制订。

“20”与“弹劾总统”：为了约束总统的权力，规定2/3的议员同时按铃就可弹劾总统。

这样的联想既荒诞又不符合史实，但却能作为我们记忆的协助工具，记住之后再来消化真正的意思，吸收真正的内涵，记忆法的作用也算是善莫大焉。

31~40的数字定位采用的是谐音方法，具体如下：

31=山药，32=善良（2又读liǎng），33=杀伤，34=伤势，35=上午，36=山路，37=神奇，38=伤疤，39=散酒，40=司令。

应用举例：

记忆世界十大著名运河的名字及其所属国家（按运河的长度从长到短的顺序排列）：

京杭运河——中国

伊利运河——美国

苏伊士运河——埃及

阿尔贝特运河——比利时

莫斯科运河——俄罗斯

伏尔加河—顿河运河——俄罗斯

基尔运河——德国

约塔运河——瑞典

巴拿马运河——巴拿马

曼彻斯特运河——英国

联想：

“31”与“京杭运河——中国”：山药经行家（京杭）认定，孕妇喝（运河）有好处，这是中国的偏方。

“32”与“伊利运河——美国”：开凿大运河时，善良的百姓用顽强的毅力（伊利）开挖，没过（美国）上一天好日子。

“33”与“苏伊士运河——埃及”：凿运河时需要用炸药炸土方，所以杀伤人是难免的，苏女士（苏伊士）就哀伤极了（埃及）。

“34”与“阿尔贝特运河——比利时”：因为伤员中伤势严重的就有苏女士的二儿子，二儿被特大石头（阿尔贝特）击中鼻子，鼻立折（比利时）。

“35”与“莫斯科运河——俄罗斯”：医生抢救了一上午，后来对苏女士说：“没事，可（莫斯科）放心了，等他知道饿了就没事（俄罗斯）了。”

“36”与“伏尔加河—顿河运河——俄罗斯”：出院当天，走在回家的山路上，苏女士对儿子说：“回家妈给你拿伏尔加喝，再炖盒（顿河）

肉下酒，我儿饿喽，是（俄罗斯）吗？”

“37”与“基尔运河——德国”：回家后，邻居告诉了一个神奇的秘方，能扶正鼻子，就是把鸡耳血（基尔）滴在鼻子上，这得到过（德国）权威人士的肯定。

“38”与“约塔运河——瑞典”：二儿子伤好后，留下了难看的伤疤，从此，没有姑娘愿意约他（约塔），他进取的锐气一点儿（瑞典）都没了。

“39”与“巴拿马运河——巴拿马”：从此，他经常喝散酒解愁，喝醉了就喃喃自语：“疤那么（巴拿马）难看吗，疤那么（巴拿马）难看吗？”

“40”与“曼彻斯特运河——英国”：司令闻听后，前来劝解，他从司令那慢且特斯文（曼彻斯特）的话语中明白了，人不论美丑都应过（英国）同样的生活。

41~50 的数字定位也采用谐音的方式，具体如下：

41= 司仪，42= 适量，43= 失散，44= 逝世，45= 失误，46= 思路，47= 司机，48= 死马，49= 四旧，50= 武林。

应用举例：

按顺序记忆下列词语：

资本家、购买劳动力、资本、工人购买生活资料、消费、生产中被使用、劳动力价值、剩余价值、价值增值、可变资本。

联想：

“41”与“资本家”：司仪当然爱给资本家主持婚礼，因为小费给得多呀！

“42”与“购买劳动力”：但资本家也是适量给红包，他们会用省下的钱去购买劳动力。

“43”与“资本”：工人阶级失散流离，是因为他们贫穷，没有“资本”（钱）。

“44”与“工人购买生活资料”：资本家家属逝世，操办葬礼所花费的金钱，足够工人购买几年的生活资料。

“45”与“消费”：工人们由于操作失误而造成的残次品，得自已消费（赔偿）。

“46”与“生产中被使用”：有的资本家承诺，对于能改进生产的好思路、好想法，在生产中被使用后，会给予奖励。

“47”与“劳动力价值”：工厂里，司机不用劳动，省力，但架子（劳动力价值）似乎也大。

“48”与“剩余价值”：资本家农场里的死马，剩余的价值就是还能卖肉。

“49”与“价值增值”：谁要是有“破四旧”时的文物，那价值增值是一定的了。

“50”与“可变资本”：过去的武林中人热衷于习武，是因为武艺可变成“资本”（可变资本），可以混碗饭吃。

上面的联想完成后，把它们串起来就是政治经济学中“可变资本”的名词解释的答案关键词，其全文如下：资本家用来购买劳动力的那部分资本，其价值随着工人购买生活资料用于消费而消失了，但劳动力在生产中被使用，不仅创造出劳动力价值，而且创造出剩余价值，实现了价值增值，叫作可变资本。

我们来总结一下数字定位记忆法：

1. 可一次记忆上百项甚至更多内容。

2. 应用范围广泛，适用于许多题型的答案要点记忆。

3. 应用简单，只要掌握一批编码，然后用一一对应联想法去联想就行。

4. 它常用在快速记忆表演上，能按正反方向的顺序记忆大量内容，外行人会看得目瞪口呆。

5. 本书所提供的编码仅供参考，大家完全可以根据自己的实际情况另编适合自己的编码。

第三节　记忆宫殿的延伸——数字定位记忆法（下）

上一节我们学习了数字定位记忆法 1~50 的数字定位，本节我们继续学习后 50 个数字定位。

下面我们把 51~100 的数字定位一并写出，然后再结合实例来讲解其应用。

51= 武艺　52= 武二　53= 午餐　54= 无私　55= 污物

56= 无聊　57= 武器　58= 尾巴　59= 五角　60= 留连

61= 轮椅　62= 驴儿　63= 庐山　64= 螺丝　65= 落伍

66= 流露　67= 漏气　68= 篱笆　69= 溜走　70= 麒麟

71= 起义　72= 妻儿　73= 棋圣　74= 气死　75= 欺侮

76= 歧路　77= 七七事变　78= 气派　79= 吃酒　80= 白领

81= 白蚁　82= 博爱　83= 爬山　84= 博士　85= 宝物

86= 八路　87= 八旗　88= 爸爸　89= 白酒　90= 酒令

91= 就义　92= 酒量　93= 九三学社　94= 旧事　95= 旧物

96= 久留　97= 香港（回归）　98= 酒吧　99= 舅舅　100= 满分

以上编码除几个特殊数字外都采用谐音的方式，这样容易记忆，下面举几个应用例子。

例 1　高三政治中有这样一道题：

什么是社会主义的根本任务及实现社会主义根本任务的意义？

答案：社会主义的根本任务是解放和发展生产力。

实现社会主义根本任务的意义：是实现社会主义根本目标的需要，是解决我国现阶段社会主要矛盾的根本途径，是巩固和发展社会主义制度的需要。只有创造出比资本主义更高的劳动生产率，才能充分显示社会主义制度的优越性，最终战胜资本主义。

技术处理：把上述答案划分成以下关键词：

解放和发展、生产力、实现社会主义、根本目标、解决、现阶段、矛盾、根本途径、巩固和发展、社会主义制度、创造出、资本主义、劳动生产率、充分显示、优越性、战胜资本主义。

共 16 个关键词。我们选用 51~66 的数字定位与之联想，联想如下：

“51”与“解放和发展”：解放军正是靠一身好武艺才解放了人民，发展（解放和发展）壮大了革命队伍。

“52”与“生产力”：武二——武松比身残的大哥力气（生产力）大。

“53”与“实现社会主义”：刚解放时，人们干劲很高，常顾不上吃午餐，都在为早日实现社会主义而忘我劳动。

“54”与“根本目标”：那时人人都大公无私，大家心往一处使，根本目标就是建设家园。

“55”与“解决”：市民们的生活污物都放到指定地点，从不乱扔。

“56”与“现阶段”：“闲得无聊”是现阶段很多年轻人的口头禅，那时人们却不这样，整天干劲十足。

“57”与“矛盾”：政府号召人们上缴战时流落到百姓手中的武器，人们纷纷上缴，最好笑的是有人连自家的矛和盾（矛盾）也上缴了。

“58”与“根本途径”：割资本主义尾巴的根本途径就是没收资本家的财产。

“59”与“巩固和发展”：我们的国旗由五角星组成，只有巩固和发展社会主义，人们才能过上好生活。

“60”与“社会主义制度”：很多外国人来中国后，留连忘返，感叹社会主义制度下的中国发生了翻天覆地的变化。

“61”与“创造出”：即使坐在轮椅上的残障人士也为社会主义创造出了丰硕果实。

“62”与“资本主义”：连驴儿都欢嘶鸣叫，好像是庆贺打跑了资本主义。

“63”与“劳动生产率”：庐山风景区附近的居民都积极劳动，生产绿色食品（劳动生产率）招待四方游客。

“64”与“充分显示”：中华人民共和国成立初期，百废待兴，人们拾到颗螺丝也都缴公，充分显示了人们建设国家的决心。

“65”与“优越性”：那时，人们穿着虽有些落伍，但内心却有种优越性，因为从此可以当家做主人了。

“66”与“战胜资本主义”：每个人的脸上都流露出战胜资本主义的信心和决心。

回头默想一遍，由 51 想到“武艺”想到“解放和发展”，由 52 想到“武二”想到“生产力”，由 53 想到“午餐”想到“实现社会主义”……这样通过 51~66 的数字定位就记住了该题的答案要点。

例 2　记忆中国“二十四史”的名称：

《史记》《汉书》《后汉书》《三国志》《晋书》

《宋书》《南齐书》《梁书》《陈书》《魏书》

《北齐书》《周书》《隋书》《南史》《北史》

《旧唐书》《新唐书》《旧五代史》《新五代史》

《宋史》《辽史》《金史》《元史》《明史》

我们来用 71~94 的数字定位与上述内容进行联想。

“71”与“《史记》”：在古代，起义的时机（史记）一到，被压迫的农民们就会揭竿而起，反对封建帝王的统治。

“72”与“《汉书》”：我的妻儿都在外国长大，所以我要教他们“汉书”。

“73”与“《后汉书》”：我们寝室的“棋圣”下棋时后脑一冒汗就要输（后汉书），这是他的一大特点。

“74”与“《三国志》”：气死周瑜是《三国志》中的精彩片段之一。

“75”与“《晋书》”：卖菜的商贩欺侮我，给我的菜不够“斤数”（晋书），我很生气。

“76”与“《宋书》”：邻居大妈是个热心肠的人，经常到劳教所给那些走入歧路的人送些鼓舞人心的书（宋书）。

“77”与“《南齐书》”：七七事变后，中国的死难者难计其数（南齐书）。

“78”与“《梁书》”：夏天住在气派的房子里，感觉又凉爽又舒服（梁书）。

“79”与“《陈书》”：有人请吃酒，陈叔（陈书）最高兴不过了，因为他就爱喝酒。或联想，吃酒时就不能带沉书（陈书），因为喝醉了就拿不动了。

“80”与“《魏书》”：有的白领阶层，经常胃不舒服（魏书），这是工作压力大、三餐不规律造成的。

“81”与“《北齐书》”：白蚁肆虐，许多植物的根被齐刷刷（北齐书）地咬断。

“82”与“《周书》”：我家领导人送外号“博爱”，并非他爱帮助人，而是他每周都输（周书）几百元给麻友，故人戏称之。

“83”与“《隋书》”：爬山爬累后，睡得就舒服了（隋书）。或联想，爬山时我也不忘学习，总会随身带本书（隋书）。还可联想，我爬山是爬不动了，因为岁数（随书）大了。

“84”与“《南史》”：博士并非男士（南史）专利，也有很多女博士。还可想，博士都答不上来，恐怕这题要难死（南史）了。

“85”与“《北史》”：我家盖房挖地基时，挖出了宝物，被史学家（北史）认定为非常有价值的文物。

“86”与“《旧唐书》”：当年是八路军救的堂叔（旧唐书），堂叔对此事总是念念不忘。

“87”与“《新唐书》”：清朝时，八旗子弟可穿新衣、吃糖、读书（新唐书），这是皇家子弟的特权。

"88"与"《旧五代史》"：爸爸自己用的都是旧物，但是（旧五代史）却给我买新的。

"89"与"《新五代史》"：爷爷平时不喝白酒，只在新年五代同堂时（新五代史）才喝点。

"90"与"《宋史》"：爷爷喝酒时还与我们行酒令，并诵诗（宋史），好不开心。

"91"与"《辽史》"：当年，爷爷的很多战友都英勇就义了，在辽宁就死了（辽史）很多。

"92"与"《金史》"：我的酒量，最高有过1斤的历史（金史）。

"93"与"《元史》"：可假想，九三学社是专门研究我国原始（元史）社会历史的社团。

"94"与"《明史》"：经历过的旧事也并非都是"明事"（明史），有很多到现在还仍是个谜。

通过数字71~94就可想起"二十四史"的名称了。

需要说明的是，上面所举的例子都是从各学科中随便挑选出来的。所做的联想也是仅供参考，最主要的是把这些联想方法传授给大家。**大家在学习了这些方法后完全可以举一反三，自己去创造其他的记忆方法，**

我们所做的就是抛砖引玉。

下面我们结合一个实例来复习一下数字定位记忆法。

例 3　记忆我国 55 个少数民族：

蒙古族、回族、藏族、维吾尔族、苗族、彝族、壮族、布依族、朝鲜族、满族、侗族、瑶族、白族、土家族、哈尼族、哈萨克族、傣族、黎族、傈僳族、佤族、畲族、高山族、拉祜族、水族、东乡族、纳西族、景颇族、柯尔克孜族、土族、达斡尔族、仫佬族、羌族、布朗族、撒拉族、毛难族、仡佬族、锡伯族、阿昌族、塔吉克族、怒族、乌孜别克族、俄罗斯族、鄂温克族、德昂族、保安族、裕固族、京族、塔塔尔族、独龙族、鄂伦春族、赫哲族、普米族、门巴族、珞巴族、基诺族

下面进行联想：

“1”与“蒙古族”：我们厂生产的特种铅笔特别粗壮，可以用来支撑蒙古包（蒙古族），牧民们写字时就拿下一根。

“2”与“回族”：我家的鸭子特省心，白天出去找食吃，到了晚上就自己回来（回族）。

“3”与“藏族”：我有一把弹簧刀是去西藏（藏族）旅游时买的，非常锋利。

“4”与“维吾尔族”：抗战时期，战士们高举红旗，为国而战，为

吾儿孙（维吾尔族）不再受辱而战。

“5”与“苗族”：用秤钩称蒜苗（苗族）时，得先把蒜苗捆上，才能称。

“6”与“彝族”：爷爷为官一生清廉，去世时烟斗是他遗留（彝族）的唯一财产。

“7”与“壮族”：用镰刀割粗壮（壮族）的植物根茎时要慢点，不然就崩刀了。

“8”与“布依族”：小时候，我爱吃麻花，大人不给买，我就不依不饶（布依族）。

“9”与“朝鲜族”：在一次乒乓球比赛中，我的球拍有些潮，险些（朝鲜族）输了，我对那场比赛印象深刻。

“10”与“满族”：小时候，过生日能吃个鸡蛋就很满足（满族）了，不像现在还有生日蛋糕吃。

“11”与“侗族”：十一国庆节期间，我们全家出动（侗族）去旅游了。

“12”与“瑶族”：希望工程启动后，许多失学儿童得到资助后得以重返校园，他们遥祝（瑶族）好心人幸福平安。

“13”与“白族”：我穿的衣衫全是白（白族）色的，因为我特喜欢白色。

“14”与“土家”：我非常关心时事，虽住的是“土家”（土家族），条件差，但我仍然关心时事。

“15”与“哈尼族”：我吃热、烫的食物时总会发生“哈哈”的声音，妻子说：“哈、哈的，你（哈尼族）真不雅。”

“16”与“哈萨克族”：我提着石榴去看朋友，朋友笑哈哈地说，干啥这么客气（哈萨克族）。

“17”与“傣族”：上中学时，我从实验室偷走一个仪器，被老师逮住（傣族）了，现在想起还觉得丢人。

“18”与“黎族”：姨妈最爱吃梨（黎族），每次去看她，我都会买些梨。

“19”与“傈僳族”：我自制的药酒是用梨树（傈僳族）皮酿的，很苦。

“20”与“佤族”：我家的门铃很特殊，用手按铃它不响，用瓦块（佤族）砸才响，所以去我家的人都带着瓦块。

“21”与“畲族”：凶猛的鳄鱼也惧怕（畲族）人三分，因为他们的图腾里有蛇。

“22”与“高山族”：一对鸳鸯情侣爬上高山，发现那里住着高山族人，他们家家户户夫妻恩爱。

“23”与“拉祜族”：恶僧被拉祜族人的饮食辣糊了，涕泪横流。

“24”与“水族”：耳神在耳边提醒，滔滔不绝倒口水的人水平有限，须得警惕。

“25”与“东乡族”：二胡声音与咚咚响（东乡族）的鼓声比，声音很小几乎听不到。

“26”与“纳西族”：二流子最近胸疼就医，医生说，那是吸（纳西族）烟造成的。

“27”与“景颇族”：带着耳机的景颇族女孩是一道风景颇（景颇族）为优美的画面。

“28”与“柯尔克孜族”：恶霸的儿子极度肥胖，可儿不克制（柯尔克孜族），见到好吃的还使劲吃。

“29”与“土族”：鹅脚肥壮，可以深踩进泥土里(土族)。

“30”与“达斡尔族”：去森林漫步，儿子淘气，我打了我儿(达斡尔)一顿。

“31”与“仫佬族”：仫佬族有个传说，村前那棵老树下曾经埋着一条鲨鱼。

“32”与“羌族”：战争时期，羌族人个个都是善于用蒲扇隐藏自己的高手。

“33”与“布朗族”：父亲拿出闪闪发光的钻石，逗不开朗（布朗族）

的女儿开心。

“34”与“撒拉族”：一场车祸中，绅士伤势严重，几乎变傻啦（撒拉族）。

“35”与“毛难族”：要让珊瑚上长毛，那可是让毛难（毛难族）为了！

“36”与“仡佬族”：山鹿硌了（仡佬族）脚，走路一瘸一拐。

“37”与“锡伯族”：山鸡生活在密林里，那里空气稀薄（锡伯族），让人透不过气来。

“38”与“阿昌族”：那个妇女的老公叫阿昌（阿昌族）。

“39”与“塔吉克族”：三角型使塔基牢固，若一角毁坏，塔基可（塔吉克族）就不牢了。

“40”与“怒族”：部队推进太慢，司令发怒了，组织由怒族人组成的小分队再次发起攻击。

“41”与“乌孜别克族”：司仪开始主持婚礼时，屋子里的宾客（乌孜别克族）热烈鼓掌。

“42”与“俄罗斯族”：司仪退场后，大家开始吃饭，人们都适量喝酒，有几个俄罗斯（俄罗斯族）朋友还打开伏尔加酒来祝贺。

“43”与“鄂温克族”：“战乱时，家人都失散了，又面临饿、蚊叮、渴（鄂温克族）的威胁”，这是爷爷在给我讲以前的事情。

“44”与“德昂族”：狮子和人一样，德行高的人值得跟随者昂头仰视。

“45”与“保安族”：失误，对于保护国家领导人安全的保安（保安族）来说，是万万不可有的。

“46”与“裕固族”：大哥下岗后，想了很久，思路渐渐清晰了，于是开了个鱼骨粉（裕固族）厂，生活也开始好转了。

“47”与“京族”：司机都知道，进京（京族）的车辆，排污不达标不让进。

“48”与“塔塔尔族”：死马的标志就是塌塌耳（塔塔尔族），即耳朵耷拉下来了。

“49”与“独龙族”：“破四旧”时，唯独龙画（独龙族）没被烧毁，因为龙是中华民族的象征。

“50”与“鄂伦春族”：金庸的小说里，武林中恶人的结局无论如何也不会存活（鄂伦春族）下去。

“51”与“赫哲族”：学武艺时有很多口诀，合辙（赫哲族）押韵，很好记。

“52”与“普米族”：武二为什么那么有力气打死老虎？原来他不吃普通的米（普米族）。

“53”与“门巴族”：午餐，我们通常吃锅巴（门巴族）。

"54"与"珞巴族"：我爸为党无私奉献了一生，模范党员的称号自然落爸爸（珞巴族）的头上。

"55"与"基诺族"：我从楼上往下倒污物，激怒（基诺族）了楼下的人，和我大吵了一顿，从此我接受了这一教训，再也没倒过。

大家闭眼回忆一下，没记好的再巩固一下，55个少数民族的名称基本都能记住了。

记忆类似于55个少数民族名称等大型题目，数字定位记忆法有其得天独厚的优势，用在快速记忆表演上更是得心应手。当你能准确地、倒背如流地答出上百项内容时，相信大家都会被你超人的记忆力所折服，对你刮目相看！而我们自己知道，按顺序记忆对于数字定位记忆法来说是很正常的，我们恰恰就是按数字的先后顺序记忆的！

数字定位记忆法大家要重点掌握，熟悉后要学会举一反三，灵活应用。

第四节　数字转码参考

1：树 粉笔 钢笔 毛笔 金箍棒

2：鹅 鸭子

3：耳朵 弹簧

4：旗子 船帆 砍刀

5：钩子

6：勺子 哨子

7：拐杖 斧头

8：葫芦 旱冰鞋

9：九尾狐 九命猫 酒

00：洞洞 眼镜（象形） 东欧 元旦 零蛋 灵通

01：灵衣 灵异 冬衣 同意 统一 童衣 动摇 灵药 领药 羚羊

02：翎儿 冻耳 令爱 栋梁 冬粮 领土 动土 东土（大唐）

03：领赏 零散 动脉 冻煞 东山

04：零食 领事 懂事 董事 冻死 临时 淋湿 临死

05：领舞 领悟 动物 动武 东吴 冻手 动手 东屋

06：领路 道路 东流 通路 同路 逗留 冻肉

07：令旗 灵机 东西 洞悉 洞隙 动气 怄气

08：领班 淋巴 临别 邻邦 全部 全班 元宝

09：灵柩 领教 领走

10：衣领 移动 要领 妖洞 摇动 窑洞 绕圈 十字架（象形） 棒球（象形）

11：意义 疑义 异议 一亿 意译 耀眼 妖艳 筷子（象形）

12：依恋 雨量 余粮 遗孀 意图 要吐 窑土 太阳（取义）

13：衣衫 移山 薏米 药膳 咬伤 完善 晚上 巫婆（取义）

14：要死 咬死 一时 意识 议事 遗失 仪式 一世（形取钻戒）

15：义务 医务 衣物 遗物 贻误 药物 万物 月亮（取义）

16：遗留 一溜 一流 遗漏 一律 疑虑 一路 花季（取义）

17：一起 一齐 意气 义气 一切 邀请 一汽 雨季（取义）

18：一把 摇把 摇摆 衣钵 一般 一半 哑巴 要发（形取彩票）

19：依旧 医救 依据 已故 遗孤 顽固 万古 高尔夫（取形）

20：暗恋 暗令 儿童 安顿 挨冻 暗洞 耳洞 香烟（20 支一盒）

21：鳄鱼 二姨 阿姨 安逸 阿谀 耳语 而已 恶意

22：双胞胎 鸳鸯 暗暗 恩爱 两耳 爱儿 两岸

23：和尚 乔丹（23 号） 暗杀 扼杀 屠杀 梁山 土山 秃山 鞍山

24：手表（一天 24 时） 饿死 哀思 碍事 按时 暗示 暗室 儿时

25：二胡 爱护 耳闻 安慰 安稳 额外

26：二流子 暗流 二楼 吐露 土路

27：耳机 按期 暗器 爱妻 爱惜 儿戏 儿媳 土气

28：恶霸 凉拌 两半 癌变 徒步 突变

29：阿胶 哀求 良久 量具 良驹 粮谷 谅解

30：三凌 森林 山岭 山东 煽动 山洞 上冻 密洞

31：鲨鱼 审议 善于 山芋 善意 商议 上衣

32：扇儿 山梁 闪亮 上梁 迷途 善良

33：伞 上身 伤神 上山 杀伤 秘密

34：三点式 赏识 伤食 上市 上士 丧事 绅士 身世 审视

35：珊瑚 山谷 晌午 商务 尚武 上古迷雾

36：山鹿 杀戮 山麓 闪露 上流 上楼 迷路 麋鹿

37：山鸡 伤气 商祺 疝气 山区 膻气 三七 杀气

38：三八 上班 上边 善变 伞兵 散兵 上宾 伤病

39：三角 三舅 上酒 三九 山沟 杀狗

40：司令 适龄 失灵 时令 拾零 四邻 石洞 发动 私通

41：石椅 司仪 适宜 失意 诗意 事宜 示意 释疑 肆意

42：柿儿 食粮 矢量 思量 思儿 试图 仕途 司徒

43：石山 世上 时尚 四散 失算 使命 失明 撕杀

44：石狮 事实 实施 适时 失实 史诗 死尸 誓死 失势

45：师父 事物 实物 十五 饰物 失误 狮虎 死守 失手

46：石榴 死路 风流 锋利 风力 法律 法力 法理

47：司机 死棋 死期 时期 士气 湿气 石器 放弃 房契

48：石板 驷马 司马 失败 石坝 石马 是吗

49：石臼 国徽 事故 尸骨 世故

50：武林 舞动 完蛋 半百（100的一半）斑白

51：无意 五一（形取工人） 武艺 无益 武夷 无疑

52：窝儿 无儿 无粮 收粮 手凉 受凉 吾儿

53：五指山 五行山 误杀 乌纱 舞迷 钨砂

54：五四（青年）误事 巫师 无视 午时 钨丝 务实 舞狮

55：呜呜（形取火车） 无误 无物 文物 文武 屋外 外屋 外务

56：蜗牛 无路 物理 武力 无力 物力 物流

57：武器 雾气 无妻 无期 无锡 武戏 勿气

58：尾巴 舞伴 无补 舞步 无边 外宾 外边

59：无救（形取棺材） 乌柏 误解 污垢 诬告 无辜 无故 五谷

60：榴莲 流动 唠叨 老到 老道 漏洞 路灯

61：六一（形取儿童）乐于 留意 蝼蚁 牢狱 老鹰 老营

62：炉儿 流量 嘹亮 力量 六耳 柳暗（花明）

63：流沙（形取沙漏） 路上 楼上 流散 硫酸

64：螺丝 流失 流逝 流食 律师 历史 历时 理事

65：锣鼓 流亡 漏网 遛弯 露骨 颅骨

66：眼镜 两只小蝌蚪 陆路 碌碌 露露 喽啰 姥姥 理疗

67：绿气 氯气 漏气 录取 留情 陆战棋

68：喇叭 腊八 吕布 萝卜 遛马

69：猎狗 烈酒 辣椒 拉脚 劳教 八卦（取形）

70：麒麟 机灵 欺凌 启动 起源 奇怨

71：奇异 起义 起疑 七一（形取党徽） 其余 奇遇 气宇

72：企鹅 妻儿 凄凉 气量 器量 弃儿 企图 歧途

73：花旗参 棋迷 凄迷 欺生 奇妙 痴迷 侈靡

74：骑士 其实 歧视 气势 启示 起誓 妻室

75：起舞 欺侮 气温 奇闻 气味 器物

76：气流 岂料 七律 骑驴 起落

77：鹊桥 漆器 机器 激起 极其 吉期

78：青蛙 起码 骑马 旗袍 气泡 起跑 奇葩

79：气球 乞求 祈求 妻舅 抢救 迁就

80：百灵 巴黎 冰冷 冰冻 白磷 柏林 不灵

81：白药 白衣 八一建军节（形取军人） 布衣 不宜 补遗 不一

82：靶儿 白脸 白兔 暴徒 趵突（泉） 白垩

83：宝扇 不算 不酸 宝山 白鲨 瘪三 发散（形取烟花）

84：巴士 保释 报时 报失 暴食 饱食 笔试 比试 拜师

85：白虎 保卫 包围 把握 霸王 巴望 宝物

86：八路 保留 不留 败露 不了 不料 白露 白鹭 86（拜了）

87：白旗 宝气 宝鸡 巴西 把戏

88：爸爸 拜把 败北 宝宝 抱抱 爸妈

89：八角 不久 补救 扑救 普九 芭蕉 拔脚 薄酒

90：精灵 久远 救援 旧怨 九泉 酒泉 举动 狗洞 激动

91：球衣 酒意 久已 就医 旧衣 旧椅

92：球儿 狗儿 孤儿 估量 旧案 久安 故土

93：救生圈 走散 旧伞 狗剩 沮丧 巨鲨

94：调酒师 就是 旧时 旧事 就势 故事 构思 狗屎 狗食

95：酒壶 救护 救火 旧货 旧物 九五（规划） 购物

96：酒楼 酒肉 九牛 久留 狗肉 佝偻 轱辘

97：香港（取义） 酒器 酒气 骨气 酒席 旧习 姑息 古稀

98：酒吧 酒杯 酒保 走马 急迫 窘迫

99：舅舅 久久 赳赳 旧居 久居 解救 戒酒

第五节 大脑营养与记忆

记忆的基本原理告诉我们，记忆是人脑的主导思维活动，记忆的效率不仅仅在于人获取外界信息的效率，信息在脑海中的加工比对也影响着信息记忆的效率，所以记忆方法可以从源头提升记忆效率。对于人体来说，人是思维活动的主导，人的身体健康，身体能量及营养能维持身体机器高效良性运转，才会让记忆高效率。理查德·M.雷思塔克在《大脑：最后的新领域》一书提示：大脑功能很大程度上取决于你早餐吃什么。

大脑中有万亿个神经细胞不停地进行着繁重的活动，饮食在大脑正常运转中发挥着十分重要的作用。

成年人的大脑只占总体重的2%，但它要用掉总能量的20%。供给大脑低能量食物，它就会运行不力；供给高能量的食物，它就能流畅、高效地工作。

因此，供给大脑正确的“大脑食物”，是提高学习能力的起始步骤之一。

有些食物不仅有助于发展智力，使思维更敏捷，精力更集中，增强记忆力，全面提高学习能力，激发人的创造力和想象力，而且还可以帮助人应付压力，克服因思维迟钝引起的郁闷情绪，消除疼痛。

1. 乙酰胆碱和卵磷脂

美、英、加等国最近研究指出，大脑功能、记忆力强弱除靠积极锻炼和掌握记忆的规律外，与大脑中乙酰胆碱的含量密切相关。

乙酰胆碱，是食物中的卵磷脂消化后释放出的胆碱通过血液循环被脑组织细胞吸收，再与醋酸结合而生成的，有增强记忆力的作用，效果可持续 4 ～ 5 个小时。有节律地供给足够的胆碱，可以避免 60 岁左右的老人患记忆力衰退症，对各年龄段的人的记忆力衰退均有改善作用。

在考试前约一个半小时进食富含卵磷脂的食物，可使人更添胜算。试验表明，卵磷脂可使人的智力提高25%。

卵磷脂含量丰富的食物有：大麦芽、花生、鸡蛋、小牛肝、全麦粉、大米、鳟鱼、薄壳山核桃等。

2. 蛋白质

充分的蛋白质是大脑功能的必需品。许多国际象棋冠军在令人精疲力竭的比赛开始前，饮食都以蛋白质为主。鱼类含有丰富的蛋白质，是重要的健脑食品。但是在正餐时，是先吃蛋白质还是先吃碳水化合物呢？蛋白质中的两种竞争的氨基酸——酪氨酸和色氨酸竞相进入大脑发挥作用，最先进入大脑灰质细胞的起整体影响作用。

酪氨酸对敏锐的思维、长期记忆、回忆以及总的清醒程度起着决定性的作用，如果先到达大脑，就会刺激大脑连续几个小时保持精神高度集中，思维非常清晰，战胜紧张及抑郁。

色氨酸能导致睡眠、全面减慢神经传递及反应速度，如果先到达大脑，就会产生瞌睡、懒散的精神状态，导致智商暂时下降，这就是为什么在丰盛的午餐后容易昏昏欲睡的原因。

如在饭后想保持专心警醒，要先吃蛋白质食品，后吃碳水化合物，即先吃鱼，后吃土豆、主食；如饭后想松弛一下或小睡一会儿，那就先吃主食。如果脑力工作者需整天保持头脑敏锐，就要以高蛋白早餐开始，午餐就应是高蛋白质、低碳水化合物，且碳水化合物食物后吃。

在海产品、豆类、禽类、肉类中含有大量酪氨酸，这是主要的大脑刺激物质；而在谷类、面包、乳制品、土豆、面条、香蕉、葵花子等食品中含有丰富的色氨酸，虽然也是人脑所需要的食物，但往往在一定时间内有直接抑制脑力的作用，食后容易引起困倦感。

3. 葡萄糖

大脑每天需要 100 ～ 150 克糖。但神经系统中含糖量很少，必须靠血液随时供给葡萄糖。当血糖下降时，脑的耗氧量下降，轻者会感到疲倦，不能集中精力学习，重者会昏迷，尤其容易发生在不吃早餐者身上。

新鲜水果和蔬菜、谷类、豆类含有丰富的葡萄糖。

4. 维生素

维生素 A、B 族维生素、维生素 C 对抽象思维和良好的记忆很有帮助。

维生素 C 被称为脑力泵，是最高水平的脑力活动所必需的物质，可以提高约 5 个智商指数。

大脑对维生素 C 的需求比人体所有其他部位需求的总量多出近 15 倍。脑内维生素 C 的浓度比其他部位高出 100 倍以上。严重缺乏维生素 C，会表现出轻微的坏血病症状，长期忧郁、暴躁易怒、疲乏劳累、心理模糊。

由于人体本身并不产生维生素C，所以只能通过饮食来获取。

缺乏维生素B_1，会导致抑郁状态，一次研究中发现，精神病院的神经错乱病人里有1/4缺乏维生素B_1；缺乏维生素B_2，即使是心理稳定的人也会出现忧郁、暴躁及恐惧症状；缺乏维生素B_6，会降低血清素，而血清素较少就会导致抑郁症；缺乏维生素B_{12}，表现为情绪失控或长期疲乏，易被误认为是早衰。

维生素E是脑功能卫士，保护神经细胞膜和脑组织免受破坏脑力的自由基的侵袭，延长寿命，减缓衰老。含量丰富的食物有坚果油、豆油、大麦芽、谷物、坚果、鸡蛋及深色叶类蔬菜。

维生素A也能保护大脑神经细胞免受自由基的侵害。含量丰富的食物有动物肝脏、鱼油、胡萝卜、菠菜、散叶甘蓝、甘薯、南瓜、杏、番木瓜以及所有的黄色或橙色蔬菜。

维生素严重缺乏者可服药补充，但应遵医嘱，不可过量。

5. 矿物质

矿物质也是活跃大脑的必要元素。钠、锌、镁、钾、铁、钙、硒、铜可以防止记忆退化和神经系统的衰老，增强系统对自由基的抵抗力。许多水果、蔬菜都含有丰富的矿物质。

缺铁会使注意力无法集中、延迟理解力和推理能力的发展，损害学习和记忆能力，使学习成绩下降；缺钠会减少大脑信息接收量；锌能增强记忆力和智力，防止老年痴呆，缺锌可使人昏昏欲睡，萎靡不振，儿童发育停滞；缺钾会厌食、恶心、呕吐、迷睡；钙可以活跃神经介质，提高记忆效率，缺钙会引起神经错乱、失眠、痉挛；缺镁，人体卵磷脂的合成会受到抑制，引起疲惫、记忆力减退等症状。

第六节　脑力训练与记忆

除了饮食之外，一些生活小技巧和小的生活习惯也会潜移默化地影响我们的记忆能力和记忆效率，我们称之为健脑运动。日本著名的脑科学家池谷裕二经过多年研究和实验，总结出一套切实有效的海马活化记忆训练体系，其重点通过对大脑的物理刺激，通过潜移默化的方式，激发右脑对于图像信息感知的潜能，从而从根本上改善记忆能力。

一、唤醒身体

1. 闭上眼睛吃饭。

2. 用手指分辨硬币。

3. 戴上耳机上下楼梯。

4. 捏住鼻子喝咖啡。

5. 放开嗓子大声朗读。

6. 闻咖啡看鱼的图片。

二、寻求脑刺激

7. 到餐馆点没吃过的菜。

8. 把自己的钱花掉。

9. 专门绕远路。

10. 用左手端茶杯。

11. 听不同类型的歌曲。

12. 每天睡觉 6 小时。

三、积极锻炼左右脑

13. 去陌生的地方散步。

14. 判断自己是右脑型还是左脑型。

15. 用直觉作决断。

四、补充脑营养

16. 甜食让你变聪明。

17. 吃早餐能活化大脑。

18. 多咀嚼可以提高成绩。

五、越运动脑子越好

19. 每天快走 20 分钟。

20. 多做手指操。

21. 尝试全新的运动。

六、改善脑活性，激发灵感

22. 记住每次成功的感觉。

23. 对自己说“肯定能行”。

24. 写 100 个自己喜欢的东西。

25. 变换视角看问题。

26. 一想到就说出来。

27. 让脑偶尔无聊一下。

28. 看从来不看的电视节目。

29. 亲身体验是脑最宝贵的财富。

30. 做个倾听者十分科学。